柴油机增压技术

安士杰 刘振明 杨 昆 唐开元 编著

国防工业出版社
·北京·

内 容 简 介

本书系统地阐述了柴油机增压技术的基本原理、增压计算分析方法、增压器结构及设计以及柴油机与涡轮增压器的匹配技术,同时介绍了高增压系统及其相关技术。

本书基本概念、基本理论、基本方法阐述清楚,内容丰富,可作为动力工程相关专业高年级学生选修教材,还可作为动力机械及工程领域研究生教材,对行业科研人员也有一定的参考作用。

图书在版编目(CIP)数据

柴油机增压技术 / 安士杰等编著 . -- 北京 : 国防
工业出版社 , 2019.12
ISBN 978-7-118-12030-1

Ⅰ . ①柴… Ⅱ . ①安… Ⅲ . ①柴油机－增压 Ⅳ .
① TK421

中国版本图书馆 CIP 数据核字 (2020) 第 012561 号

※

国防工业出版社出版发行

(北京市海淀区紫竹院南路 23 号　邮政编码 100048)
三河市众誉天成印务有限公司印刷
新华书店经售

*

开本 710×1000　1/16　印张 12¼　字数 210 千字
2019 年 12 月第 1 版第 1 次印刷　印数 1—2000 册　定价 56.00 元

(本书如有印装错误,我社负责调换)

国防书店 : (010) 88540777　　发行邮购 : (010) 88540776
发行传真 : (010) 88540755　　发行业务 : (010) 88540717

前　言

　　增压技术是柴油机发展历程中的三大革命性标志之一，更是柴油机性能提升的重要研究方向，为柴油机动力性、经济性以及排放性能的提升提供了技术支撑，在柴油机研究领域占有重要的地位。随着动力性、经济性、环保性要求的日益提高，柴油机增压技术得到迅速发展，各种不同的增压形式不断涌现，涡轮增压器的设计、加工、匹配技术也日益完善，目前涡轮增压器压比已达到5.5、整机效率已达到65%以上，为柴油机性能提升起到了巨大的推动作用。

　　本书以大功率船用柴油机为研究对象，系统全面地阐述了柴油机增压的基本原理、基本方法、涡轮增压器技术以及现代增压技术的发展。系统介绍了柴油机涡轮增压器的设计、仿真计算以及涡轮增压器与柴油机的匹配。本书共分为6章。第1章介绍了柴油机增压的基本理论，第2章介绍了涡轮增压柴油机的气体流动以及仿真分析技术，第3章介绍了柴油机涡轮增压器的结构以及工作原理，第4、5章介绍了柴油机与涡轮增压器的匹配以及系统设计，第6章介绍了高增压系统及其特点。

　　由于作者水平有限，书中难免有不当之处，敬请读者和专家指正。

作者

目 录

第1章 柴油机增压理论

柴油机作为动力原动机，由于其经济性和适应性而广泛应用于船舶、机车、坦克、车辆、工程机械以及小型电站等。

增压技术是柴油机发展历程中的三大标志之一，更是柴油机性能提升研究的重要方向之一，为柴油机动力性、经济性以及排放性能的提升提供了技术支撑，在柴油机研究领域占有重要的地位。

当今各种用途的柴油机，为了提高动力性、经济性、排放性基本上都采用了涡轮增压系统。

1.1 柴油机增压技术的发展及现状

柴油机增压的历史可追溯到 1885 年。戴姆勒（Gohlieb Daimler）在煤气机和汽油机上已考虑采用增压。在其专利说明书中写道"本柴油机充入气缸中的混合气较多，而气缸中的废气则较少。它的工作方法是活塞每下行两次吸入一次混合气。此外，活塞下部在曲柄箱中起往复压气机的作用，它在活塞每次下行时都把混合气或空气压入柴油机的气缸"。在煤气机上进行的试验并未取得明显的效果，因而在一个较长的时期内中断了增压的试验。一直到第一次世界大战结束后，他才把在航空发动机采用机械增压的经验推广到赛车用汽油机上。在柴油机方面，狄赛尔（Rudolf Diesel）在 1896 年获得的德国 95380 号柴油机发明专利书中提出"可以使用多级压缩，就是在单缸机上安装增压泵和进气室。这样改变进气室中的空气压力，就能改变输出功率。"同时，在专利中也提到要对进气室中的增压空气进行冷却。试验却未取得预想的结果，使用增压泵时，功率提高了约 30%，但效率却下降，导致燃油消耗率增加，这与他原来提高热效率的设想不相符合，从此他再未对柴油机增压进行试验研究。1905 年布什（Alfred Buchi）在申请的德国 204630 号专利中提出了采用涡轮增压的概念，首先是采用柴油机、涡轮机和压气机同轴连接，并于 1911—1914 年在苏尔寿（Sulzer）公司进行试验，于 1915 年向瑞士申请了专利，同年也获得了德国 454107 号专利。该方法的特点是：柴油机在全负荷下的增压空气压力高于涡轮前的废气压力，并使进气阀和排气阀在一段时间内同时开启，即"气阀叠开"，同时放弃了柴油机、涡轮和压气机之间的同轴连接，改用涡轮单独驱动压气机。

1925年德国交通部首次在两艘客船上安装了两台四冲程涡轮增压柴油机，试航结果表明，功率增加了40%以上，但由于当时涡轮增压器的效率较低，无法实现有效的气缸扫气，所以仍然未能受到普遍的欢迎。1925年，布什以"脉冲增压"在瑞士获得122664号专利，以后又在德国获得了568855号专利。1926—1927年他在瑞士机车车辆厂的四缸及六缸柴油机上进行了试验，并取得了成功，功率提高了50%~100%。

此后，涡轮增压作为提高功率和经济性的主要技术措施被日益广泛地应用于大功率柴油机。涡轮增压技术也称为柴油机技术发展史上的第二个里程碑。

1942年，MAN公司研制了用于MV40/46型四冲程柴油机的带有两级轴流式涡轮和两级离心式压气机的涡轮增压器。

1944年，带有中冷器的六缸增压柴油机，其平均有效压力达1.47MPa。

1949年，MAN公司申请了高压涡轮增压技术的专利权，其压比超过了2.0。

1952年，丹麦首次把排气涡轮增压器装到远洋巨轮二冲程低速柴油机上。

1953年，MAN公司研制的KV45/66m.H.A型十字头式重油发动机，平均有效压力为1.6MPa。

20世纪60年代，巨大油轮的需要加速了增压技术的发展。1969年，勃朗·波维利（Brown Boeeri）公司生产了供数万千瓦柴油机用的巨型涡轮增压器，压气机叶轮直径1m，压比为3，质量为12.5t。

1978年，意大利菲亚特（Fiat）公司生产出3.12万kW的巨型增压柴油机，创造了罕见的单机功率的世界记录。

增压技术向高压比、大功率柴油机领域发展的同时，也向小功率、高速柴油机方向迈进。

1937年，法国牛尔（Newer）首次把径流式涡轮用于涡轮增压器。径流式涡轮的叶轮和轴焊接成一体，强度好，增压器转速得以大幅度提高；从而使增压器的质量、尺寸大大减小，涡轮增压技术产生了一次飞跃。

20世纪50年代初，人们又把浮动轴承应用到涡轮增压器中来，浮环转速为轴的1/3左右，这就有效地减小了轴承副的相对速度，使涡轮增压器转速超过100000r/min的大关，这为车用柴油机涡轮增压创造了条件。

随着气动力学和计算机技术的进步以及加工工艺水平的提高，为设计和制造效率高、转速大、质量轻、惯性小、工作可靠的涡轮增压器打下了基础。目前，具有后掠式压气机叶轮、混流式涡轮、带放气阀及可变截面涡轮的新型涡轮增压器不断涌现，增压技术已发展到一个崭新阶段。

正是由于涡轮增压技术的优越性，现代大功率船用柴油机基本全部采用涡轮增压技术，典型大功率高、中、低速机的发展情况如下。

1. 低速柴油机

目前世界上的低速机主要是两种型号，即 MAN-B&W LMC 系列和 SULER RTA 系列，其基本结构及性能参数如表 1-1 所列。

表 1-1　典型低速机基本结构及性能参数

MAN-B&W LMC 系列								
D/mm	260	350	420	500	600	700	800	900
$N/(r/min)$	250	200	159	133	111	95	83	74
$g_e/(g/kW \cdot h)$	167	172	163	162	160	159	159	158
SULER RTA 系列								
D/mm	380	480	520	580	620	680	760	840
$N/(r/min)$	190	150	88	123	97	105	95	87
$g_e/(g/kW \cdot h)$	171	169	165	166	163	165	163	160

为了提高热效率，低速机通常都采用较高的压缩比（$\varepsilon \geq 14$），压缩终点压力（$p_c \approx 12MPa$），燃烧过量空气系数 $\alpha = 2.5$ 左右，喷油压力达到 90MPa 以上，燃烧持续期只有 40℃ A，燃烧过程接近于等压过程，最高爆发压力（$p_z = 13.0MPa$）左右，$T_{max} = 1600K$，机械效率 $\eta_m = 94\%$，涡轮增压器总效率 η_{tk} 可达到 75% 左右。标定工况时废气温度为 $T_T = 380K$ 时仍能满足气缸充气的要求。

2. 中速柴油机

中速柴油机主要用于船舶推进及各种电站，绝大多数是四冲程高增压柴油机。平均有效压力 $p_e \geq 2.0 \sim 2.3MPa$，缸径为 400mm 左右的中速机的燃油消耗率 $g_e = 170 \sim 175g/(kW \cdot h)$；缸径为 300mm 左右的中速及中高速柴油机 $g_e = 185g/(kW \cdot h)$ 左右。典型中速柴油机结构及性能参数如表 1-2 所列。

3

表 1-2　典型中速机基本结构及性能参数

型号	D /mm	S /mm	N_{ec} / (kW/cyl)	N_e /kW	N / (r/min)	p_e /MPa	C_m / (m/s)	$p_e \cdot C_m$	W/t
12PA6	280	290	294	3528	1050	1.98	9.67	19.14	23
16PA6STC	280	290	324	5184	1050	2.07	10.15	21.01	34.5
16PA6BSTC	280	330	405	8100	1050	2.28	11.55	26.33	34.9
12V280ZC	280	320	367.5	4410	1000	2.24	10.67	23.9	25.3
12V260	260	320	347.5	4170	1000	2.42	10.67	25.28	29
16RK270M	270	305	343.75	5500	1000	2.36	10	23.6	30.2

作为船舶推进主机的 390 系列柴油机，是我国于 20 世纪 60 年代开始自主研制的涡轮增压二冲程柴油机，经过多年的发展，成熟的应用于多型海军舰船的主机，其部分型号主要参数如表 1-3 所列。

表 1-3　典型二冲程中速机基本结构及性能参数

型号	D /mm	S /mm	N_{ec} / (kW/cyl)	N_e /kW	N / (r/min)	p_e /MPa	C_m / (m/s)	$p_e \cdot C_m$	W/t
12VE390	390	470	550	9900	480	1.20	7.52	9.02	55
18VE390	390	470	550	9900	480	1.22	7.52	9.17	75

3. 高速柴油机

高速高增压柴油机通常用来作为小型高速舰艇、坦克及机车等的推进动力。具有代表性的是 MTU 系列的高速柴油机，其主要特点为强载度高，典型高速柴油机结构及性能参数如表 1-4 所列。

表 1-4　典型高速机基本结构及性能参数

型号	D /mm	S /mm	N_{ec} / (kW/cyl)	N_e /kW	N / (r/min)	p_e /MPa	C_m / (m/s)	$p_e \times C_m$	W/t
MTU20V956	230	230	251.5	5090	1255	2.2	11.15	24.5	16.28
MTU20V1163	230	280	301.25	6025	1200	2.59	11.2	29	22.3
MTU4000M70	165	190	145	2320	1800	2.38	11.5	27	7.1
MTU8000M91	265	315	413.6	8272	1150	2.485	12	30	48

纵观大功率高、中、低速涡轮增压柴油机的发展历程，今后发展趋势可概括如下：

（1）进一步提高增压度，向高增压及超高增压方向发展。

（2）进一步提高燃油喷射压力及最高爆发压力。

（3）改善低工况运行性能。

（4）采用电子喷射及控制系统。

（5）采用动力涡轮及回热循环系统，充分利用废气能量。

在增压技术的发展过程中，机械增压技术也做出过重要的贡献，机械增压技术在二冲程柴油机上曾获得广泛的应用，在一些高速四冲程柴油机及高背压环境条件下运行的四冲程柴油机上也获得了应用，但随着涡轮增压器性能的提高，机械增压已逐渐被淘汰。

1.2 增压方式

采用增压器来实现增压时，按照驱动增压器所用能量来源的不同，基本上可分为三类：机械增压系统、废气涡轮增压系统和复合式增压系统。在增压方法上，除了上述的加装增压器来提高进气压力外，还有利用进排气管内的气体动力效应来提高气缸的充气效率的惯性增压系统和利用进排气的气体压力交换来提高进气压力的气波增压器，由于这两种增压方式的增压压力不高，已逐渐较少采用。

根据驱动增压器所用能量来源的不同，增压方法也可分为三种形式，即机械增压、废气涡轮增压和复合式增压。此外，还有一些特殊的增压系统，如气波增压、惯性增压等。

1.2.1 机械增压系统

在机械增压系统中，压气机是通过增速齿轮由柴油机的曲轴直接传动的，如图1-1所示。由于压气机的转速比柴油机的转速高得多，因此通过曲轴传动时，需要通过一套增速齿轮传动装置。这种增压方式，要消耗柴油机发出的部分功率。该增压系统中的压气机有罗茨式和离心式两种。罗茨式压气机是一种容变式压气机，在增压压力过高时，漏气量会增加，增压器的效率下降，因此它适应于增压压力不高的场合。尽管离心式压气机适应于高增压的场合，但由于其转速高，传动装置复杂，增压压力也不会太高。

机械增压的优点是结构简单，工作可靠，加速性能好，低速、低负荷下能与柴油机很好的配合，满足其进气量要求。缺点是需要消耗柴油机的功率，因

而使柴油机效率降低，油耗增加。机械式增压系统消耗功率占柴油机功率的
5%~10%，并且当增压压力超过一定范围后，随增压压力的增大柴油机功率反
而下降。

1.2.2　废气涡轮增压系统

　　增压器由废气涡轮和压气机组成，称为涡轮增压器。柴油机与涡轮增压器
之间没有机械联系，废气涡轮增压器的压气机由废气涡轮带动，废气涡轮则利
用柴油机的废气能量做功，如图 1-2 所示。

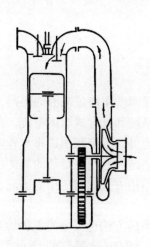 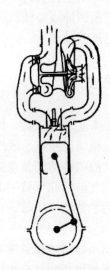

图 1-1　机械增压系统　　　　图 1-2　废气涡轮增压系统工作原理

　　由于压气机并不消耗柴油机的功率，且利用了废气的能量，增压压力可以
达到较高的数值（压力可达 0.3~0.5MPa）的同时还可提高柴油机的效率，因
此废气涡轮增压在现代柴油机上被广泛采用。

　　其缺点是低负荷性能和加速性能差，主要原因是：在低负荷工作时，排气
管内的废气能量小，废气涡轮增压器的效率低，增压压力低，供气量少，燃烧
恶化；在柴油机突然增加负荷或者提高转速时，由于废气涡轮有一定的惯性，
使涡轮增压器的转速来不及瞬时增加，会使柴油机的瞬时供气量不足，造成柴
油机的短时冒黑烟。另外，二冲程机无专门的排气冲程，单独使用废气涡轮
困难。

1.2.3 复合式增压系统

为了克服机械增压系统和废气涡轮增压系统的上述缺点，吸取机械增压系统和废气涡轮增压系统的优点，出现了复合式增压系统。它们可以采用不同的方式进行组合，一般有以下两种形式。

1. 串联复合式增压系统

图 1-3（a）为串联复合式增压系统。空气先经涡轮增压器做第一级压缩，经空气冷却器后在送到机械增压器中做第二次压缩。它的特点是柴油机在低负荷工作和启动时，机械传动的压气机可以保证气缸换气时所需要的空气量，而废气涡轮增压器可保证获得较高的增压压力。

2. 并联复合式增压系统

图 1-3（b）为并联复合式增压系统，它由两个压气机向柴油机提供新鲜空气，一个压气机由废气涡轮传动向柴油机提供新鲜空气，另一个压气机由曲轴或独立的电机传动向柴油机提供新鲜空气。该系统的最大特点：在低速、低负荷工况下，废气涡轮发出的功率不足以驱动压气机时，可以从柴油机的曲轴获得补充功率；在全负荷大功率工况下，增压器提供较高的增压压力，减少机械增压器的耗功。所以它既保证了较高的增压压力，又保证了低负荷以及加减负荷等变化工况条件下的运转性能。该系统的缺点是装置比较复杂，制造加工、拆卸安装、维护保养等都比较困难。

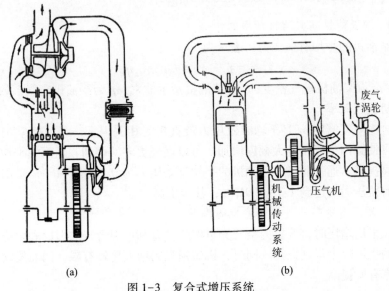

(a)　　　　　　　　　　　　　　　　(b)

图 1-3　复合式增压系统

1.3 增压及中冷对改善柴油机性能的作用

1.3.1 增压术语

（1）增压压力（p_k 或 p_b）。压气机出口压力称为增压压力。通常将 $p_b \leqslant$ 0.17MPa 称为低增压，0.17MPa$<p_b \leqslant$0.25MPa 称为中增压，0.25MPa$<p_b \leqslant$ 0.35MPa 称为高增压，$p_b \geqslant$0.35MPa 称为超高增压。

（2）增压比（π_k，π_b）。压气机出口压力与进口压力之比称为增压比。

（3）增压度（λ_k，λ_b）。柴油机增压后的标定功率与增压前的标定功率之差与增压前标定功率的比值称为增压度。

$$\lambda_b = (P_{eb} - P_e)/P_e \qquad\qquad (1-1)$$

式中：P_{eb} 为柴油机增压后的标定功率；P_e 为柴油机增压前的标定功率。

增压度亦可用平均有效压力之比来表示。

（4）中冷度（δ_b）。中冷器前后的温差与中冷器前空气的温度的比值，称为中冷度。

$$\delta_b = (t_b - t_b')/t_b \qquad\qquad (1-2)$$

式中：t_b 为柴油机增压后的标定功率；t_b' 为柴油机增压前的标定功率。

1.3.2 增压对提高柴油机性能的作用

1. 增压对提高柴油机功率的作用

柴油机的平均有效压力可表示为

$$p_e = p_i \cdot \eta_m = C\rho_b\eta_i\eta_v\eta_m \qquad\qquad (1-3)$$

式中：ρ_b 为柴油机进气密度；η_i 为柴油机指示效率；η_v 为柴油机充气系数；η_m 为柴油机机械效率。

缸内空气密度 ρ_b 是平均有效压力最直接的相关因素，柴油机采用增压及中冷可使缸内空气密度大幅度增加，可以燃烧更多的燃油，从而使平均有效压力明显提高。通常非增压柴油机的平均有效压力为 0.6~0.8MPa，采用增压后平均有效压力可达到 1.7~3.0MPa，甚至更高。

2. 增压对提高柴油机经济性的作用

在采用增压时，气缸内空气充量增多，有利于混合气的形成和燃烧，可使循环的指示效率得到提高。同时，机械损失的增大比较有限，因而发动机的机械效率有所提高。

3. 增压空气中冷的作用

在压气机中空气经过压缩后压力升高，但温度也同时上升，从而影响到空气密度的增加。因此，对增压空气在进入气缸前进行中间冷却是很有利的。进气中冷对于降低燃烧温度，从而减少 NO_x 的形成，减少冷却水带走的热量提高热能利用率，降低燃烧室部件的热负荷等方面都有正面的影响。

各种因素对于气缸充量密度的影响如图1-4所示。

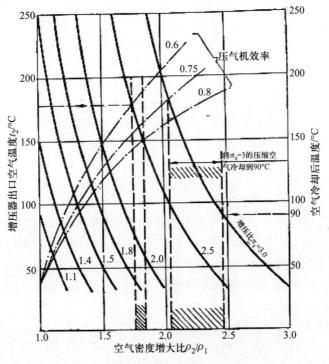

图1-4 各种因素对气缸充量密度的影响

1.4 废气能量的利用

1.4.1 废气理论最大可利用的能量

若柴油机消耗的燃油能够完全燃烧，并将燃烧后的理论发热量取为100，通常其热量分配情况如图1-5所示。

柴油机有效输出功 E_1 占总热量的30%左右，润滑、冷却系统带走的热量

9

E_2 占总热量的 30%左右，排气中所含热量 E_3 占总热量的 40%左右，其中 E_{31} 是向低温热源放出的热量，这部分热量由热力学第二定律可知是不能回收的。而由于排气温度没有下降到大气温度所导致的损失 E_{32} 和气缸内压力没有降到大气压力所导致的损失 E_{33} 则可借助涡轮进行部分回收。

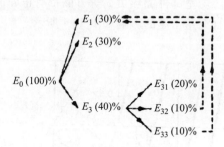

图 1-5　柴油机热流量图

为了充分利用燃油能量，要求气缸内活塞行程足够长，在实际柴油机中，其活塞行程一般是气缸直径的 1~4 倍，膨胀冲程下止点缸内工质压力在 0.2~0.35MPa 左右。当排气门打开时，高温高压燃气就向排气管急剧膨胀排出，这种排气能量通常称为自由排气能量。

进入排气管的燃气，在流经排气管末端的涡轮喷嘴被节流膨胀后，燃气流速增加，高速燃气流作用在涡轮动叶上使涡轮做功，驱动与涡轮同轴的压气机，使之从大气吸入空气并压缩，柴油机的一部分排气能量就可以以压缩空气的形式被柴油机回收。即图 1-5 中用虚线表示 E_{32}、E_{33} 中的一部分又转回到 E_1。回收的能量占燃油总发热量的 10%左右。这样，通过增压不仅提高柴油机功率，也提高了其经济性能。

图 1-6、图 1-7 为柴油机理想循环温熵图和压容图，由图可以看出，废气所含能量可用面积 $b-m-n-a-b$ 表示，涡轮中可利用的能量用面积 $5-a-b-4-0-a$ 表示，约占废气能量的 1/4 左右。在压容图上面积 $b-4-0-a-b$ 即代表在背压为 p_g 时废气中可利用能量转换所得的机械功。

由图 1-6、图 1-7 可知，废气能量相当一部分不能被利用，这是由于：

（1）根据热力学第二定律，环境温度以下的热量无法利用（图中 $0-40-m-n$），这部分能量约占废气能量的一半。

（2）环境压力线以下的一块面积 $0-4-40-0$ 所表示的能量也没有被利用，因无法直接经膨胀转变为机械功，这部分能量约占废气能量的 1/4。$4-40-0-4$ 所示的回收则需利用其他装置。但此部分能量可利用热交换器等作为热源加以利用。

10

（3）由于实际废气涡轮增压系统中存在各种损失，因此，涡轮增压器中可利用能量要少于理论上的可利用能量。

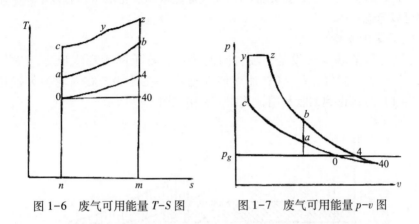

图 1-6　废气可用能量 T-S 图　　　　图 1-7　废气可用能量 p-v 图

1.4.2　四冲程涡轮增压柴油机利用废气能量理论方案的分析

四冲程柴油机的涡轮增压器所能利用的总能量如图 1-8 所示。除上述废气的膨胀能（E_1）以外，还包括排气过程中活塞对气体所做的推挤功（E_2）及扫气空气所含的能量（E_3）。

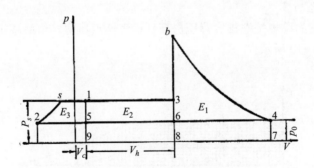

图 1-8　四冲程柴油机废气能量

$$E_2 = \int_{V_b}^{V_c} p\,\mathrm{d}V = p'_0(V_b - V_c) = (p_s - p_0)\,V_h \qquad (1-4)$$

$$E_3 = \frac{k}{k-1} RT_s(\varphi - 1)\left[1 - \left(\frac{p_0}{p_s}\right)^{\frac{k-1}{k}}\right] \qquad (1-5)$$

11

E_2 和 E_3 的存在，使废气能量有所增加，但这部分能量是以消耗柴油机和压气机的有效功为代价的。

在四冲程柴油机上，为充分利用废气能量采用涡轮增压，有以下两种基本方案可以考虑：

1. 无背压方案

这种方案的基本假设是，废气瞬时排净，背压降为环境压力（大气压力），$E_2 = 0$；无扫气，$E_3 = 0$；速度能（动能）在纯冲击式涡轮中无损耗地（$\eta_{TC} = 1$）全部得到回收利用，其能量利用如图 1-9 所示。

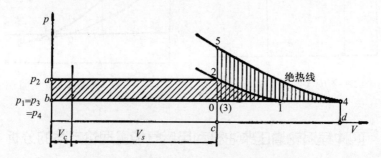

图 1-9　无背压状态四冲程柴油机废气能量

图中面积 5-4-0-5 表示气缸排出废气的能量（E_1），压气机功用面积 1-2-a-b-1 来表示。$p_2 = p_s$ 为所能达到的最高增压压力。

2. 全堵压方案

这种方案的设想是把排气背压提高到排气始点压力，由活塞把废气推挤出气缸，如图 1-10 所示。

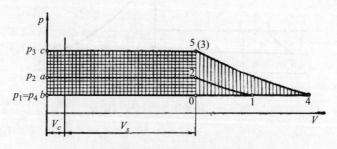

图 1-10　全堵压状态四冲程柴油机废气能量

图中面积 c-5-4-b-c 表示总的废气可利用能量。可在涡轮中转化为机械功，用以带动压气机，但须消耗面积 b-0-5-c-b 表示的活塞推挤废气排出气

12

缸的泵气功。

全堵压方案在实际应用时，由于在涡轮机中在推挤废气时有能量损失，所以也难以实现涡轮与压气机之间的功率平衡。此外，背压很高的情况下，对气缸的充气会发生不良的影响。因此，完全堵压的方案在实际上亦非可行。

实际上两种方案所可能利用的废气能量是完全相同的，只是具体的利用方式有所不同。

1.4.3　二冲程废气涡轮增压柴油机的废气能量及其利用

在二冲程柴油机中废气可利用能量如图 1-11 所示，主要包括三部分：

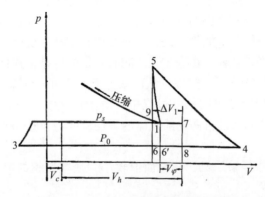

图 1-11　二冲程柴油机废气可用能图

（1）前期排气阶段中的废气势能，即从排气阀（口）开启时的压力膨胀至大气压力所具有的能量。在 p-V 图上可用排气口开启后的尾部三角形面积 5-4-6-5 表示。二冲程机排气阀（口）打开后，气体仍对活塞做了一部分功，应从尾部三角形面积中扣除面积 5-1-6'-6-5。但是，这部分功与扫气形式、排气机构的结构尺寸、柴油机的转速等有关，不能用数学方式表达，故一般仍用尾部三角形面积表示理论上的可用功。

（2）扫气空气的可用能量，是指扫气空气压力高于大气压力时所具有的能量。这部分能量由压气机所供给，所以也是一部分能量的回收。由于二冲程机的能量不足，因而，扫气过程中可用能量有很重要的作用。

（3）在扫气过程中，空气与废气之间的能量交换在二冲程柴油机上的扫气期内，在很长一段时间内进排气过程是同时发生的，因此，在空气与废气之间存在着 4 种形式的能量交换：一是由于空气与废气的掺混，在新气与废气之间有直接的热交换；二是在排气过程中，废气把热量传给管壁，随后，在扫气

13

过程中管壁又传热给空气；三是排气压力波在管道中以声速传播，它比气体质点的运动速度高很多，因而压力波到达喷嘴处可能与前一循环的扫气空气接触，相互之间也会有热交换；四是排气管端所产生的反射压力波将一部分排气能量传给后面的空气。

在二冲程柴油机上采用全堵压方案，因为无法进行扫气，虽然是不行的，然而部分堵压还是可用的。

二冲程柴油机利用废气能量实现涡轮增压与四冲程柴油机相比有以下不利之处：

（1）在四冲程柴油机上，如果出现废气能量不足，则可用缩小喷嘴面积的方法从柴油机活塞推挤废气过程中取得一部分能量，这对柴油机的燃油消耗率会有不良影响，但不会影响柴油机的正常运行。在二冲程柴油机中废气是依靠空气来排除的，如废气能量不足，无法扫气，则柴油机就不能正常运行。此外，为了实现扫气，就要求在进排气之间有一定的压差，这样就限制了涡轮前废气压力（气缸排气背压）过高，从而减少了涡轮内的压降。

（2）在二冲程柴油机的扫气过程中，由于扫气空气与废气的掺混，使气体温度下降。四冲程柴油机涡轮前气体的平均温度为 500~600℃，二冲程机仅为 300~400℃。

（3）高速二冲程柴油机，其时面值较小，换气过程的流动损失较大，因而可利用能量减少。

（4）二冲程柴油机为了保证扫气效果和降低机件的热负荷，故其单位时间内的空气消耗量也将增大。

第2章 涡轮增压柴油机气体流动及仿真

2.1 概述

柴油机中气体流动对柴油机进排气性能、燃烧性能有重要影响，由于柴油机周期性间歇工作的特点，在上述系统的管路中，持续出现一维非定常压力波动；而在管网的某些部位，如进排气管接头、涡轮增压器内，又存在多维的非定常旋涡运动。管内的压力波传播及复杂的波涡交互作用，对柴油机的动力性、经济性、排放和噪声特性都有十分重要的影响。

在柴油机的工作过程中，其工作介质的流动和传热及能量转换过程密不可分，对柴油机的工作特性、性能指标以及结构设计都有重大的影响。

柴油机中的流动工质可分为气体和液体两类；按其特性则有可压缩流与不可压缩流之分；按其流动状态又有定常流与非定常流之别。在柴油机中的流动大都具有可压缩、非定常流动的特性，在进、排气管内的流动为一维非定常流动，亦即在流动过程中伴随有压力波传播、合成、分解、反射和透射等现象，引起管道内各处流体的状态不断地变化，从而对其工作性能产生影响。特别对于废气涡轮增压柴油机来说，排气管内压力波的形态及传播对于废气能量的有效利用和气缸的扫气效果有很大的影响。而燃油系统中流动特性的研究，对于高压喷射系统的性能和有关参数的优化匹配都具有十分重要的意义。

柴油机在工作过程中，气体工质在流动过程中其状态参数（压力、温度、速度等）是随时间及位置而变的，同时在流动中与缸（管）壁之间有摩擦，并与外界有热交换，因此是三维非等熵不定常流动。在进、排气管道中，由于管道的轴向几何尺寸比径向尺寸要大得多，管内轴向流动效应比径向流动效应要明显得多，因此可以忽略径向流动效应，从而可认为是一维流动。对于等截面的平面流动，流体的流动轨迹是平行的直线称为一维流动；如果管道截面有缓慢的变化则称为准一维流动。一维流动是指流场的物理量只是其位置坐标 x 和时间坐标 t 的函数称为一维定常流动；若随时间而变化，则称为一维非定常流动。广义的一维流动，除有压力的扰动以外，还包括面积的变化、摩擦、传热、质量添加等效应。在管道分支接头处等复杂情况下则须按多维流动来处理。

在柴油机管道内的实际流动并非是理论上的一维流动，由于流体有黏性，在管道内某一截面上各个点的物理参数是不一样的，其速度沿径向发生变化，剪应力与管的水力半径成正比。当管道截面积发生变化或管道发生弯曲时同一截面上的速度等物理量也是不同的。此外，当管道内有节流面以及在管道的进出口处有扩展或收缩时往往会出现轴对称或三维流动的情况。虽然如此，当流体（如汽油、柴油、水和空气等）的黏度较小，管道的长度与其截面面积相比较大，管道面积变化较慢，管壁刚度较大变形很小，以及管道曲率半径比管道半径大很多的情况下，仍可将此时的管道流动简化为一维流动来处理。即将界面上的物理参数及状态值取其平均值，从而认为各点是相同的，这种物理模型称为均匀管流。忽略了黏性的流体，称为理想流体。理想流体中的气体又称为完全气体，它只考虑气体分子的热运动而不计分子间的内聚力，故能满足理想气体的状态方程。管道进、出口处的流动状态一般作为边界条件来进行处理。

自 20 世纪 50 年代特征线法应用于柴油机进排气计算，结合了计算机技术的发展，这一模拟计算方法得以迅速发展，成为柴油机进排气系统设计工作的有力工具。

以特征线为基础的柴油机为非定常气流的研究，主要集中在两个方向：一是进行循环模拟计算，用以指导进气、排气、增压系统及整机的试验、设计，改善和提高柴油机综合性能；二是利用压力波的传递特性，开发和创建新型的装置，促进内燃机的发展，如脉冲增压系统的研究和气波增压器的研制。

近 20 年来，这一领域的研究又出现了以下特点：一是由于特征线法不如直接求解偏微分方程组方便，所耗机时也较高，因此已逐渐被精度更高、速度更快的直接求解偏微分方程的有限差分法和有限体积法所取代；二是随着计算能力的增强和提高计算精度的要求，模拟程序中更多地考虑了介质真实的黏性、传热和湍流等物性特点，在某些复杂边界处还使用了多维模型，使得计算更接近于真实情况；三是由于对柴油机环保和节能提出了更高的要求，因此研究对象更深入到降低燃烧及进、排气噪声，降低有害气体及颗粒排放，以及过渡过程动态模拟和非定常流动的反馈控制等新领域。

柴油机排气管内的气体流动过程研究方法可以分为以下两类：

（1）把排气管内的气体视为非弹性介质。在这种假设的前提下，压力波在气体介质中的传播速度为无限大，因而排气管内任何一点的气体压力、速度只是时间的函数，与其所处的位置无关，即在某一瞬时管内各点的速度均相同。基于这种假设，排气管内压力比的形成可归为：

① 在 Δt 时间内有一定量的气体流入管内。

16

② 在 Δt 时间内有一定量的气体流出排气管。

③ 在气体流动过程中有热量的输入或输出。

总而言之，就是把管内气体的流动看成是一个排空和充满的过程，管内压力的变化是由于气体体积的变化所引起的。在这种假设基础上形成的排气管压力波的研究和计算方法称为容积变量法，或充填—排空法。

（2）把排气管内的气体看成是弹性介质。在这种假设下，排气管内的压力波是由于排气过程中气流中的扰动所引起的，所产生的压力波动是以声速在气流中传播的。对压力波的分析和计算是以空气动力学方程组为基础的，故称为空气动力学法。这种方法已被广泛用于涡轮增压柴油机排气系统的设计研究中。

2.1.1　柴油机排气管内压力波的生成及其影响

当排气阀开启时，由于气缸与排气管之间有很大的压力差，废气以很高的流速进入并充满排气管，使排气管内的压力迅速升高，此后管道内的压力与气缸内的压力趋于平衡，即趋于同步发生变化。随后，在排气过程中活塞以变速运动推挤废气排出气缸，在此过程中管道内气体的流速、压力、温度也是不断地发生变化。

在理想的状态下排气管内的压力波的形态应具有以下特点：

（1）在排气阀开启后，排气管内的压力迅速上升，瞬时达到平衡，这样可以减少排气阀处的节流损失。

（2）在排气过程中，活塞上行推挤废气时，排气管内的背压应迅速降低以减少泵气。

（3）在进、排气阀同开的重叠角期间内，排气压力波应处于波谷状态以利于气缸扫气。

在实际排气过程中影响排气管内压力波形态的主要因素有以下几个。

（1）$\Phi_b = p_b / p_0$。Φ_b 值表示排气阀开启时气缸内与排气管内的压力比，其值越大表示压差越大，废气从气缸向外的流速越快。这样排气管内的压力很快升高，有利于减少节流损失，但会使泵气功增大。Φ_b 对压力波的影响如图2-1所示。

在实际柴油机上要增大 Φ_b 就要增大排气提前角，这将导致气缸内气体膨胀功的减小。为保证预定的平均有效压力，就需要向气缸内喷入更多的燃油，使油耗增加，排温升高，引起机件热负荷的增大。因此，Φ_b 必须兼顾这几个方面，通常 $\Phi_b = 4 \sim 5$。

（2）$\Phi_f = F_e / F_{e_{\max}}$。$\Phi_f$ 表示排气阀开启的快慢，其值越大则气缸排空越快，

排气管压力建立也越快，有利于减少节流损失。Φ_f 对压力波的影响如图 2-2 所示。

图 2-2 中曲线 1 所示的排气阀开启速度是曲线 2 的 2 倍，排气能量的利用率约提高 10%。相反，曲线 3 的开启速度是曲线 2 的 ½，因而排空缓慢，不仅使节流损失增大，而且泵气功损失也增大。

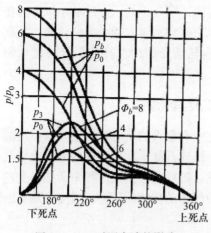

图 2-1　Φ_b 对压力波的影响

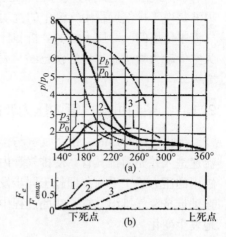

图 2-2　Φ_f 对压力波的影响

（3）$\Phi_L = 12Ln/a$。Φ_L 表示排气管道的长度对柴油机压力波的影响，其物理意义是压力波在管道内往返一次所需的时间。Φ_L 与柴油机的转速和排气温度有关。Φ_L 对压力波的影响如图 2-3 所示。

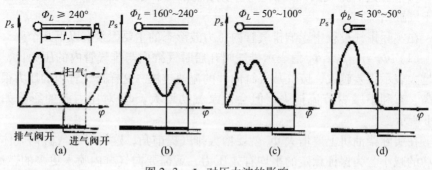

图 2-3　Φ_L 对压力波的影响

如果 Φ_L 值很大（超过 240℃A）则压力波在光端反射回来到气缸端时，排气阀已经关闭，气缸扫气已经结束，不会产生不利的影响。在多缸机上，由

18

于排气管内反射波与相邻排气的下一个气缸的排气初始波叠加，会对减少其节流损失产生有利的效果。当 Φ_L 值很小时（小于 $30\sim50℃A$），反射波很快返回到气缸端与本缸排气的初始波相遇，使之得到加强，波幅增大，有利于减少阀口处的节流损失。

（4）$\Phi_p = F_p/F_{emax}$。Φ_p 表示排气管截面积的大小，当比值减小时有利于降低节流损失，但会使管道内的流动损失增加。Φ_p 对排气能量传递效率的影响如图 2-4 所示。

管道截面积过小时，由于流动损失严重，尽管减少了涡轮喷嘴环面积，但压力波也没有明显增强；管道截面积过大时，流动损失减小，但由于排气初期的节流损失严重，使涡轮前的压力波也没有明显增强。只有在接近管道面积最佳值时，才可能取得排气能量的最高传递效率。

（5）$\Phi_T = F_{Ta}/(V_h \cdot n/60)$。$\Phi_T$ 表示涡轮的通流能力，其值的大小跟反射波的强度和性质有关，同时跟活塞排气时耗费的泵气功有关。Φ_T 对压力波的影响如图 2-5 所示。

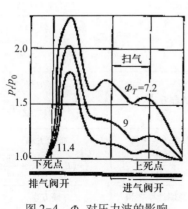

图 2-4　Φ_p 对压力波的影响

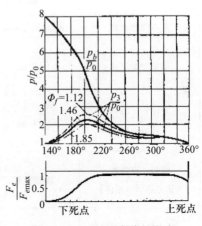

图 2-5　Φ_T 对压力波的影响

由图 2-5 可以看到，在 $\Phi_T = 7.2$ 的曲线上，在压力波峰后出现的第一个突起是由于活塞上行推挤排气所引起的，第二个突起是由于气缸的强烈扫气引起的。这些突起的出现表明涡轮的通流能力过小，流通不畅，这时压力波虽然加强，能量增多，但整个系统的压力水平提高，背压也提高，活塞泵气功增大，也就是说，排气能量的增加是以牺牲发动机的部分功率和经济性为代价取得的，因此在四冲程机上减小涡轮喷嘴截面积来增加废气能量不应超过一定限度，一般 $\Phi_T = 9\sim12$。

2.1.2 基本方程的通用形式和输运方程

柴油机中一维流动的基本方程是源于自然界物质运动的基本规律，如质量守恒原理的连续方程、牛顿第二定律的动量与动量矩方程、能量守恒的能量方程（热力学第一定律）、热力学第二定律的熵方程等。基本方程的联立求解可以求出流体流动的各种状态参数，进而获得用以分析所需的各种物理量、性能参数及其变化规律。必要时可以引用其他的物理方程作为补充，如气体状态方程、声速方程、激波方程等。

流体流动的基本方程可以有两种表达方式，即按随体观点构建的定质量系统拉格朗日方式和按当地观点构建的控制体开口系统欧拉方式。这两类流动方程各有其适用范围，并通过输运方程可以相互转换。

在物理学中，物质的运动的基本方程都是按照定质量系统拉格朗日方法构建的，如表2-1所列。

表 2-1　物质运动基本方程

基本物理定律	系统物理量 B	影响因素 I	系统基本方程
质量守恒定律	质量 m	无	连续方程 $$\frac{\mathrm{d}}{\mathrm{d}t}(m) = 0$$
牛顿第二定律（动量守恒）	动量 mv	外力的合力 $\sum F$	动量方程 $$\frac{\mathrm{d}}{\mathrm{d}t}(mv) = \sum F$$
能量守恒定律（热力学第一定律）	总能量 E	热流率及功率之和 $$\frac{\mathrm{d}Q}{\mathrm{d}t} + \frac{\mathrm{d}W}{\mathrm{d}t}$$	能量方程 $$\frac{\mathrm{d}}{\mathrm{d}t}(E) = \frac{\mathrm{d}Q}{\mathrm{d}t} + \frac{\mathrm{d}W}{\mathrm{d}t}$$
热力学第二定律（熵方程）	总熵 S	熵流率与熵产率之和 $$\frac{\mathrm{d}S_f}{\mathrm{d}t} + \frac{\mathrm{d}S_g}{\mathrm{d}t}$$	熵方程 $$\frac{\mathrm{d}}{\mathrm{d}t}(S) = \frac{\mathrm{d}S_f}{\mathrm{d}t} + \frac{\mathrm{d}S_g}{\mathrm{d}t}$$

基本方程包括：积分方程形式（针对体积 V 中的物理量 B 建立的方程，如表2-1中所示）；微分方程形式（针对 $\mathrm{d}V$ 体积中的物理量 $\phi \mathrm{d}V$ 建立的方程）。

从表2-1中可见基本方程式的通用表达式为

整体式：

$$\frac{\mathrm{d}}{\mathrm{d}t}(B) = I \qquad\qquad (2-1)$$

20

微元体式（微分表达式）：

$$\frac{\mathrm{d}}{\mathrm{d}t}(\phi\mathrm{d}V) = I \qquad\qquad (2-2)$$

式中：B 为系统的总物理量；$\phi\mathrm{d}V$ 是单位体积的物理量；I 是物理量变化的影响因素。这两个式子表明，影响因素等于定质量系统的基本物理量对时间的导数。无论是整体式还是微元式，影响因素就是外界对整体或微元体的作用力、作用力矩以及热、功、熵的交换率等。

从式（2-1）、式（2-2）还可以看出，整体式和微元体式物理量之间的关系式为

$$B = \iiint\limits_{V(t)} \phi\mathrm{d}V(t) \qquad\qquad (2-3)$$

将式（2-3）代入式（2-1），可得

$$\frac{\mathrm{d}}{\mathrm{d}t}(B) = \frac{\mathrm{d}}{\mathrm{d}t}\iiint\limits_{V(t)} \phi\mathrm{d}V(t) = I \qquad\qquad (2-4)$$

对于如图 2-6 所示的一维管道流动，由于截面上各点的状态相同，故可将式（2-4）转化为一维线积分和微分的形式，即

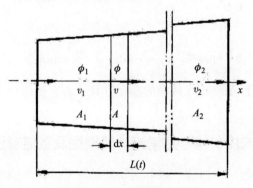

图 2-6　开口系统输运方程

整体积分式：

$$\frac{\mathrm{d}}{\mathrm{d}t}\int\limits_{L(t)} \phi\mathrm{d}A\mathrm{d}x = I \qquad\qquad (2-5)$$

微元体微分式：

$$\frac{\mathrm{d}}{\mathrm{d}t}(\phi A\mathrm{d}x) = I \qquad\qquad (2-6)$$

式中：$L(t)$ 为 t 时刻所取的定质量系统的长度；A 为 $\mathrm{d}x$ 管段的截面积。

一维流动开口系统基本方程的通用表达式，可由上述定质量系统表达式左

21

边进行转换而得到，这一转换关系就是流动输运方程。输运方程的物理概念可简要描述如下：

从图 2-6 中选择 t 时刻定质量系统所占有的管道容积为控制体，此开口系统应满足各种物理量的守恒关系，即影响因素 I 所代表的外界施加于系统的物理量变化率，应等于该时刻控制体内物理量的变化率，加上流出控制体的物理量率再减去流入系统的物理量率。用公式表示为

整体积分式：

$$\frac{\partial}{\partial t}\int_L \phi A \mathrm{d}x + \phi_2 A_2 u_2 - \phi_1 A_1 u_1 = I \qquad (2-7)$$

微元体微分式：

$$\frac{\partial}{\partial t}(\phi A \mathrm{d}x) + \frac{\partial}{\partial x}(\phi A u \mathrm{d}x) = I \qquad (2-8)$$

这两个公式就是开口系统积分和微分基本方程的通用表达式。

将式（2-7）、式（2-8）与式（2-5）、式（2-6）对比可得

积分关系式：

$$\frac{\mathrm{d}}{\mathrm{d}t}\int_L \phi A \mathrm{d}x = \frac{\partial}{\partial t}\int_L \phi A \mathrm{d}x + \phi_2 A_2 u_2 - \phi_1 A_1 u_1 \qquad (2-9)$$

微分式：

$$\frac{\mathrm{d}}{\mathrm{d}t}(\phi A \mathrm{d}x) = \frac{\partial}{\partial t}(\phi A \mathrm{d}x) + \frac{\partial}{\partial x}(\phi A u \mathrm{d}x) \qquad (2-10)$$

此即为一维管流两种系统相互转换的输运方程式。它使两种系统的表达式在运算中可以相互转换。

2.1.3 可压缩流体一维非定常流计算模型及数值算法

柴油机排气系统热力过程一维非定常流动特性的数学模型为双曲型偏微分方程组。在进行数值求解时，首先需要偏微分方程组离散成代数方程组，目前常采用的方法有特征线法、有限差分法和有限容积法。

（1）特征线法的基本思想是利用流体动力学方程组的特征线和特征关系的离散形式来计算不同族的特征线交点、位置及其上的物理状态，从而获得对物理量变化的认识。最初的图解法十分复杂，随着计算机技术的发展，使之得以采用数值计算的形式求解。特征线法的特点是对压力波的模拟较为准确，但流量误差较大，一般为 3%~5%，特别在三通边界、收缩或扩展边界，由于存在明显的非等熵流动，特征弯曲的现象严重，误差可能会达到 8%。在对模型的改进过程中，实质上是不断简化计算、减少质量流量误差的过程。广义一维

非定常流模型，不用三通边界，将支管质量、动量与能量均加入到非等熵项中，将连续方程、动量方程转化为通用形式，对整个管系的计算带来方便，但计算精度并未提高。一维非定常流高精度计算模型在靠近排气阀出口处采用容积法与开口边界相结合的方法，可以消除压力的非物理振荡，提高计算精度，并在支管流入排气总管的部分加细网格划分，网格步长越小，流量误差也越小。经过上述改进，流量误差可减少到2%以内。采用非定常流混合计算模型，进排气阀出口处、排气支管缩口处用容积法模型计算，总管质量添加段用修正容积法，其他部分仍采用特征线法，该模型比用广义一维非定常流模型计算所得的压力波更接近于实际测量值，流量计算误差在1%左右。

（2）有限差分法。这种方法的特点是选择一定的差分格式，在时间和空间域上分别对偏微分进行离散，将偏微分方程转化为差分方程。常用的格式有泰勒级数展开法、多项式插值法、待定系数法、积分法等。其中以泰勒级数展开法应用最多，应该强调的是，只有与偏微分方程适定性相似的差分方程才有可能得到有物理意义的数值解。即当差分格式一旦确定后，差分方程初值的微小变化只会引起差分方程解的微小变化。对有限差分格式的另一个要求是计算精度，它与时间、空间离散阶数有关，离散阶数越高，计算精度就越高。经常采用的是二阶精度的差分格式，它是以中心差分格式为基础建立的，但中心差分格式是不稳定的，因此需要采用添加人工黏性项对其产生的非物理性振荡进行耗散。由于耗散项的人为因素较多，而且耗散量数值的选择比较困难，因此造成了最终差分格式在全部求解域内的精度下降。可以认为，差分算法在计算稳定性和计算精度之间存在矛盾，但其计算速度和计算精度一般优于特征线法。

（3）有限容积法。这种方法在多维流动计算中占有重要地位，近来也逐渐用于一维非定常流的计算中。其基本思路是将计算区域划分为有限个容积，利用控制方程在每个控制容积上逐一积分，推导出偏微分守恒型的离散方法，其物理意义明确，理论上可以避免流量计算的误差。有限容积法的关键是对计算节点截面数值通量的计算。上述差分格式可以给出数值通量的稳定解，但其计算精度较低。采用有限容积法离散偏微分方程后，则需要精确、稳定地计算节点界面数值通量才可以得到物理解。目前，广泛使用的一维非定长流模拟计算程序，如 BOOST、SUPRE 等都是采用有限容积法。

2.2　可压缩流体一维非定常流动的特征线法

在流体动力学的研究领域中，很早就对非定常流场中的压力波传播有所阐述，并推导出了计算流场状态参数的偏微分方程组。但直到 1885 年黎曼

（Riemann）提出了求解双曲型偏微分方程的特征线原理与解法后，才开始在工程领域得到实际应用。

特征线法是求解气体一维不定常流动的基本方法之一，1949 年詹尼（E. Jenny）首先用特征线法来计算排气管内的脉冲波获得成功。当时采用的是图解法，计算周期相当长，实际使用有一定困难。1962 年，本森（R. S. Benson）等利用数字计算机，用特征线法计算进、排气管及增压系统中压力波取得成功；从 20 世纪 70 年代后期开始，柴油机喷油系统的模拟计算研究逐渐成为热点。此后，经过许多学者在这方面的进一步研究和不断完善，特征线法成为 20 世纪 70 年代以后定量分析柴油机中工质流动过程中波动现象以改善发动机性能的有效方法。近年来特征线法逐步被精度更高、速度更快的直接求解偏微分方程的有限差分法及有限容积法所取代。但是，特征线法的物理概念和图解分析法可以直观形象地描述和理解管道内压力波形成及传播，而且在管网系统中的各个准定常流的边界处，仍需利用进入便捷的压力单波等单波方程来联立求解。因此，目前特征线法仍然是学习和掌握一维非定常流动的有效工具。

设有偏微分方程：

$$a(x, \ t, \ u) \frac{\partial u}{\partial t} + b(x, \ t, \ u) \frac{\partial u}{\partial x} = c(x, \ t, \ u) \qquad (2-11)$$

一般求解偏微分方程的困难在于它含有两个或多个方向上的导数。如果能在 x-t 平面上找到某一特定方向，使得上述的偏微分方程仅仅含有这个方向的导数，则偏微分方程便可变为常微分方程来求解，为此可做如下变换与推导。

用 a 去除式（2-11）各项可得

$$\frac{\partial u}{\partial t} + \frac{\partial u}{\partial x} \cdot \frac{b}{a} = \frac{c}{a} \qquad (2-12)$$

引入 $\frac{\mathrm{d}x}{\mathrm{d}t} = \frac{b}{a}$，则式（2-2）可化为

$$\frac{\partial u}{\partial t} + \frac{\partial u}{\partial x} \cdot \frac{\mathrm{d}x}{\mathrm{d}t} = \frac{c}{a} \qquad (2-13)$$

或

$$\frac{\mathrm{d}u}{\mathrm{d}t} = \frac{c}{a} \qquad (2-14)$$

这样，在 x-t 平面上若沿着 $\frac{\mathrm{d}x}{\mathrm{d}t} = \frac{c}{a}$ 的方形，偏微分方程式（2-11）就转化为常微分方程式（2-14），这个方向称为特征方向。引进特征方向后，就可以通过求解常微分方程得到参数 u 沿特征线的变化情况，即沿特征线可唯一地

24

确定参数 u，但不能唯一地确定 $\partial u/\partial x$ 和 $\partial u/\partial t$。如果用数学语言则可描述为：特征线是指在自变量平面上的一组特殊曲线，在曲线上所对应的变量的偏导数都发生间断（其值不能唯一确定），函数的导数发生间断称为弱间断，所以特征线又称为弱间断线。从这里可以看出，特征线与激波线是不同的，在特征线上气体参数（p、T、u）是连续的，而其偏导数是不连续的，在激波线上气体参数本身也是不连续的。从特征线的数学概念出发，就为寻找这种曲线提供了方法。

假设 γ 是待求的特征方向，函数在此方向上的全微分为

$$\mathrm{d}u = \frac{\partial u}{\partial t}\mathrm{d}t + \frac{\partial u}{\partial x}\mathrm{d}x \qquad (2-15)$$

为了判别在所求方向上参数及其偏导数的特性，可将式（2-15）与式（2-11）联立，即

$$a\frac{\partial u}{\partial t} + b\frac{\partial u}{\partial x} = c$$

$$\frac{\partial u}{\partial t}\mathrm{d}t + \frac{\partial u}{\partial x}\mathrm{d}x = \mathrm{d}u \qquad (2-16)$$

由于沿着方向 γ，偏导数 $\partial u/\partial t$、$\partial u/\partial x$ 不能唯一确定，u 是唯一确定的，$\partial u/\partial t$ 与 $\partial u/\partial x$ 是存在的，则

$$\frac{\partial u}{\partial x} = \frac{\begin{vmatrix} a & c \\ \mathrm{d}t & \mathrm{d}u \end{vmatrix}}{\begin{vmatrix} a & b \\ \mathrm{d}t & \mathrm{d}x \end{vmatrix}} = \frac{0}{0}$$

即联立方程式的系数行列式为 0。

$$\Delta_1 = \begin{vmatrix} a & b \\ \mathrm{d}t & \mathrm{d}x \end{vmatrix} = a\mathrm{d}x - b\mathrm{d}t = 0$$

因此

$$\frac{\mathrm{d}x}{\mathrm{d}t} = \frac{b}{a}$$

这与上面所得到的特征方向的表达式是一致的，在 $x\text{-}t$ 平面上，由此方向确定的曲线称为特征线，特征方向 $\mathrm{d}x/\mathrm{d}t$ 表示特征线在 $x\text{-}t$ 平面上的斜率。

在此特征方向上，u 是唯一确定的，即

$$\Delta_2 = \begin{vmatrix} a & c \\ \mathrm{d}t & \mathrm{d}u \end{vmatrix} = a\mathrm{d}u - c\mathrm{d}t = 0$$

即

$$\frac{\mathrm{d}u}{\mathrm{d}t} = \frac{c}{a}$$

这是沿着特征线参数 u 应该满足的条件，称为特征关系（相容性方程）。因此，当特征方向和特征关系确定以后，就可以求出参数 p、T、u 沿特征方向在 x 处随时间 t 的变化。从数学概念来说，所谓相容性方程是一个沿着特征线把 du 和 dt 联系起来的全微分方程，因此最初的偏微分方程可以用等价的特征线系来代替，沿着特征线相容性方程总是成立的，这种代换就是特征线法的基础。换句话说，引进特征方向，然后用相容性方程去替代偏微分方程，这种方法称为特征法。

2.2.1　一维非定常流动的基本方程（控制方程）

广义的变截面、有摩擦和对外有热交换的可压缩非定常管流的偏微分基本方程组（控制方程组）如下。

质量守恒方程：

$$\frac{\partial \rho}{\partial t} + \frac{\partial(\rho u)}{\partial x} + \frac{\rho u}{A}\frac{\mathrm{d}A}{\mathrm{d}x} = 0 \qquad (2-17)$$

动量守恒方程：

$$\frac{\partial u}{\partial t} + u\frac{\partial u}{\partial x} + \frac{1}{\rho}\frac{\partial p}{\partial x} + G = 0 \qquad (2-18)$$

能量守恒方程：

$$\frac{\partial p}{\partial t} + u\frac{\partial p}{\partial x} - \frac{kp}{\rho}\left(\frac{\partial p}{\partial t} + u\frac{\partial \rho}{\partial x}\right) - (k-1)\rho(\dot{q} + uG) = 0 \qquad (2-19)$$

若未知数只有 p、u、ρ，则上述方程组封闭，可直接求解。若方程组中相关的 G 项中含有 T、s、a 等未知参数时，则可分别联立如下的状态方程、熵方程和声速方程来求解。

状态方程：

$$\frac{p}{p_0} = \left(\frac{T}{T_0}\right)^{\frac{k}{k-1}} = \left(\frac{\rho}{\rho_0}\right)^{k} = \left(\frac{a}{a_0}\right)^{\frac{2k}{k-1}} \qquad (2-20)$$

熵方程：

$$T\left(\frac{\partial s}{\partial t} + u\frac{\partial s}{\partial x}\right) - \dot{q} - Gu = 0 \qquad (2-21)$$

声速方程：

$$\left(\frac{\partial p}{\partial t} + u\frac{\partial p}{\partial x}\right) - a^2\left(\frac{\partial \rho}{\partial t} + u\frac{\partial \rho}{\partial x}\right) = 0 \qquad (2-22)$$

等截面、直管等熵流动的特征线解是一种最简单的管流状态，可用以说明特征线法的基本原理和方法。假设在等截面直管中的气体流动既绝热又不做

26

功，则可视为绝能过程。在这种情况下，流动过程只需用质量守恒方程（连续方程）和动量守恒方程即可描述。由于方程组中有三个未知数 p、u、ρ，所以在求解时还需引入气体状态方程。

因为方程式中只含有 p、u、ρ 的一阶偏导数；而且在偏导数的系数中含有未知数 p、u、ρ；同时未知数的偏导数是线性的，所以上述方程组是一阶拟线性偏微分方程组。它可以用特征线法来求解，为此需先对有关方程式做必要的变化。

对状态方程的两边取对数并求导可得

$$\frac{1}{\rho}\frac{\partial \rho}{\partial t} = \frac{2}{k-1} \cdot \frac{1}{a} \cdot \frac{\partial a}{\partial t} \qquad (2-23\text{a})$$

$$\frac{1}{\rho}\frac{\partial \rho}{\partial x} = \frac{2}{k-1} \cdot \frac{1}{a} \cdot \frac{\partial a}{\partial x} \qquad (2-23\text{b})$$

$$\frac{1}{\rho}\frac{\partial p}{\partial x} = \frac{2k}{k-1} \cdot \frac{1}{a} \cdot \frac{\partial a}{\partial x} \qquad (2-23\text{c})$$

$$\frac{1}{\rho}\frac{\partial p}{\partial x} = \frac{p}{\rho} \cdot \frac{2k}{k-1} \cdot \frac{1}{a} \cdot \frac{\partial a}{\partial x} \qquad (2-23\text{d})$$

将有关项代入质量守恒和动量守恒方程式中，可得

$$\frac{\partial a}{\partial t} + u\frac{\partial a}{\partial x} + \frac{k-1}{2}a\frac{\partial u}{\partial x} = 0 \qquad (2-24)$$

代入动量方程可得

$$\frac{2a}{k-1}\frac{\partial a}{\partial x} + \frac{\partial u}{\partial t} + u\frac{\partial u}{\partial x} = 0 \qquad (2-25)$$

将式（2-24）乘以 $\frac{k-1}{2}$，然后与式（2-25）相加可得

$$\frac{\partial a}{\partial t} + (u+a)\frac{\partial a}{\partial x} + \frac{k-1}{2}\left[\frac{\partial u}{\partial t} + (u+a)\frac{\partial u}{\partial x}\right] = 0 \qquad (2-26)$$

令 $\dfrac{\mathrm{d}x}{\mathrm{d}t} = u+a$，则式（2-26）左边前两项可写为

$$\frac{\partial a}{\partial t} + \frac{\partial a}{\partial x} \cdot \frac{\mathrm{d}x}{\mathrm{d}t} = \frac{\mathrm{d}a}{\mathrm{d}t}$$

式（2-26）括号内的两项可写为

$$\frac{\partial u}{\partial t} + \frac{\partial u}{\partial x} \cdot \frac{\mathrm{d}x}{\mathrm{d}t} = \frac{\mathrm{d}u}{\mathrm{d}t}$$

这样，式（2-26）变为

$$\frac{\mathrm{d}a}{\mathrm{d}t} + \frac{k-1}{2}\frac{\mathrm{d}u}{\mathrm{d}t} = 0$$

27

这就是说，沿着特征方向：

$$\frac{\mathrm{d}x}{\mathrm{d}t} = u + a$$

其特征关系式（相容性方程式）为

$$\frac{\mathrm{d}a}{\mathrm{d}t} + \frac{k-1}{2}\frac{\mathrm{d}u}{\mathrm{d}t} = 0 \qquad (2-27)$$

采用同样的道理，将式（2-24）乘以 $\frac{k-1}{2}$，并与式（2-25）相减可得

$$\frac{\partial a}{\partial t} + (u-a)\frac{\partial a}{\partial x} - \frac{k-1}{2}\left[\frac{\partial u}{\partial t} - (u-a)\frac{\partial u}{\partial x}\right] = 0 \qquad (2-28)$$

沿特征方向则有

$$\frac{\mathrm{d}x}{\mathrm{d}t} = u - a$$

相应的特征关系式为

$$\frac{\mathrm{d}a}{\mathrm{d}t} - \frac{k-1}{2}\frac{\mathrm{d}u}{\mathrm{d}t} = 0 \qquad (2-29)$$

通过求解式（2-26）和式（2-28）就可以得到计算气体状态变化的解析式：

$$
\begin{aligned}
\frac{\mathrm{d}x}{\mathrm{d}t} = u + a \qquad & a + \frac{k-1}{2}u = \lambda \qquad && \frac{\mathrm{d}\lambda}{\mathrm{d}t} = 0 \\
\frac{\mathrm{d}x}{\mathrm{d}t} = u - a \qquad & a - \frac{k-1}{2}u = \beta \qquad && \frac{\mathrm{d}\beta}{\mathrm{d}t} = 0
\end{aligned} \qquad (2-30)
$$

式中：λ、β 称为黎曼不变量，在等熵流动的情况下均为常数。

在脉动气流中，气体的 p、T、u 都是随时间和位置而变化的，因此，在 $x\text{-}t$ 平面上的特征线不是直线而是曲线，而且同一族特征线彼此之间也不是相互平行的。

虽然 u 和 a 是变化的，但两者的线性叠加值 λ、β 却是常数，即在以 $a\text{-}u$ 为坐标的平面上，它们是两族平行的直线，其斜率分别为 $\pm(k-1)/2$。

在管道中流动的气体，当某处受到外力的作用后，不但该处的流体受到扰动，而且还会以波动的方式向周围传播，若气体的流速为 u，则扰动的传播速度分别为

顺流方向：$\quad \dfrac{\mathrm{d}x}{\mathrm{d}t} = u + a$

逆流方向：$\quad \dfrac{\mathrm{d}x}{\mathrm{d}t} = u - a$

28

这就是一维流动的两个特征方向，也就是在 x-t 平面上特征线的斜率，这两族特征线把扰动的影响区和非影响区划分开来。

综上所述，特征线的概念可表述为：从物理的观点来看，特征线可看成是一个物理扰动的传播轨迹，亦即扰动（压力波）是沿特征线传播的；从数学的观点来看，特征线可定义为穿过这条曲线时相关的物理参数的导数是不连续的，而物理参数本身是连续的；从工程实用的观点来看，沿着特征线可以把偏微分方程转化为常微分方程，便于实际问题的求解。

2.2.2　等熵流动特征方程的数值解法

利用特征线法求解一维不定常流问题，既可采用图解法，也可采用解析法。在计算机已经普及的情况下，一般都采用解析法来进行计算。其主要步骤如下：

（1）首先须知道初始条件下的气体状态参数。在一般情况下，描述气体流动的物理量有热力学参数（p、T、ρ、S、i 等）和流体力学参数（u、a 等），它们之间由状态方程、热力学第一定律和热力学第二定律联系起来。

（2）计算结果是求出压力 p、温度 T、速度 u 等参数随时间 t 和位置 x 的变化。由于压力、温度等参数可以用声速 a 来表示，故在计算时取 λ、β 为变量，为计算方便，常采用无量纲参数 A、U 为变量，$A = \dfrac{\lambda + \beta}{2}$，$U = \dfrac{\lambda - \beta}{k - 1}$。

（3）把管道划分成若干网格点，从已知参数的网格点出发，经过逐步推算就可以求出整个 x-t 平面的气体状态参数。

特征线法只可用于求解双曲型偏微分方程，在气体流动范畴内可用来计算非定常平面一维流动、非定常平面柱对称流动、非定常球对称流动、二维超声速无旋定型流动、轴对称超声速无旋定型流动等。它们的数学模型都是两个自变量的二阶非线性偏微分方程式，因为方程式中最高阶导数是线性的，故称为拟线性偏微分方程式。所以，特征线法是流体力学领域研究中的一个重要工具，在工程应用中还可用于涡轮增压系统进排气管中压力波计算、燃油喷射系统中的压力波计算、气波机及脉动喷射式发动机的设计等。关于特征线法的完整系统的论述和专著已有很多，这里不再详述。同时，有限容积法等数值计算软件的发展也有逐步替代特征线法的趋势。

2.3　边界与边界条件方程

柴油机管道内的流动必须在初始和边界条件已知的情况下才能获得定解。

边界流一般采用对准定常流的方法来处理。边界条件方程指的是由准定常边界流确定的管端截面处的状态变化规律。对于某一瞬间的边界条件方程，主要是由当时的流动介质的特性、边界准定常流的性质、管外状态和管端结构特点所确定，并由此归纳出边界方程的基本类型。

2.3.1 边界分类及变量与方程的无量纲化

2.3.1.1 边界的分类

从边界的结构特点和边界流的流动特征可分为：入流边界和出流边界；封闭端、孔口端和开口端边界；单独边界与共同边界流边界；固定边界和移动边界（图2-7）。

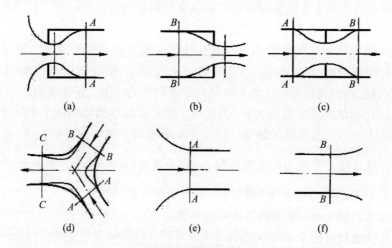

图2-7 管流的各种边界

（a）孔口端入流边界；（b）孔口端出流边界；（c）管内节流孔共同边界；（d）三管接头共同边界；（e）入流开口端边界；（f）出流开口端边界。（A-A、B-B、C-C 为满流边界截面）

如果从流动介质的特性和边界流热力状态的特点来划分，则有等熵流边界与非等熵流边界、液流边界与气流边界等。

2.3.1.2 变量与方程的无量纲化

非定常管流计算时，在管端孔口不变的条件下，为了在管外状态不断变化时，仍能保持边界方程的形式不变，需要对变量及方程进行无量纲化处理。所谓无量纲化处理是指把各个变量都选定一个参考值，变量用其实时值与参考值的比值来表示，即转化为无量纲值。通常参考值用下标 ref 表示，无量纲参数用大写的英文字母表示，如 $A = a/a_{\text{ref}}$，$P = p/p_{\text{ref}}$。

（1）参考状态的选择。热力参数的各参考值通常是选择某一状态的状态值来表示，此状态称为"参考状态"。对于完全气体而言，其热力参考状态参数的参考值只有两个是独立的，其他参考值均可由此二值来确定。在非定常流中，常选择与某一当地状态保持等熵关系的状态为参考状态。长度的参考状态 L_{ref} 常选为管长或计算的步长；时间的参考值，则选为压力波以声速在参考长度内传播一次的时间，其无量纲为 $Z=t/t_{ref}=ta_{ref}/L_{ref}$，它代表压力波以声速沿参考长度传播的次数。

（2）特征方程的无量纲化。

$$\left(\frac{dX}{dZ}\right)_\lambda = \frac{k+1}{2(k-1)}\Lambda - \frac{3-k}{2(k-1)}B \qquad (2-31)$$

$$\left(\frac{dX}{dZ}\right)_\beta = \frac{3-k}{2(k-1)}\Lambda - \frac{k+1}{2(k-1)}B \qquad (2-32)$$

$$\left(\frac{sX}{dZ}\right)_m = \frac{\Lambda-B}{k-1} \qquad (2-33)$$

式中：$\Lambda=\lambda/\alpha_{ref}$、$B=\beta/\alpha_{ref}$ 为黎曼不变量的无量纲量。

广义非定常管流特征性方程为

$$d\Lambda = \frac{dR}{a_{ref}} = A\frac{dA_A}{A_A} - \frac{k-1}{2}\frac{AU}{F}\frac{dF}{dX}dZ - \frac{k-1}{2}\frac{2f}{D}L_{ref}U^2\frac{U}{|U|}\left[1-(k-1)\frac{U}{A}\right]dZ$$

$$+\left(\frac{k-1}{2}\right)^2\dot{q}\frac{L_{ref}}{Aa_{ref}^2}dZ \qquad (2-34)$$

$$dB = \frac{dL}{a_{ref}} = A\frac{dA_a}{A_A} - \frac{k-1}{2}\frac{AU}{F}\frac{dF}{dX}dZ + \frac{k-1}{2}\frac{2f}{D}L_{ref}U^2\frac{U}{|U|}\left[1+(k-1)\frac{U}{A}\right]dZ$$

$$-\left(\frac{k-1}{2}\right)^2\dot{q}\frac{L_{ref}}{Aa_{ref}^2}dZ \qquad (2-35)$$

$$dA_A = \frac{k-1}{2}\frac{A_A}{A^2}\left(\frac{\dot{q}L_{ref}}{a_{ref}^2} + \frac{2f}{D}L_{ref}|U^3|\right)dZ \qquad (2-36)$$

式中：$A_A=a_A/a_{ref}$ 为熵值的无量纲量，原式中的 G 已替换为 U 的函数。若进一步将式（2-34）~式（2-36）中的 A、U 转换为 Λ、B 的函数，则可进行无量纲的特征线数值解。

2.3.2 封闭端与开口端

封闭端与开口端为最简单的边界类型，边界与边界方程都比较单纯。

2.3.2.1 封闭端

液流及微波气流的封闭端（等速端）。此时 a，ρ 可近似地视为常数状态

平面采用 $p\text{-}\nu$ 坐标，会出现等速端边界。在封闭端有 $u = u_f = 0$，当右行单波 $\mathrm{d}P_R$ 到达右封闭端时，可得到下列方程组：

$$\mathrm{d}P_R = \frac{k-1}{2}\mathrm{d}u_R$$

$$\mathrm{d}P_L = -\frac{k-1}{2}\mathrm{d}u_L \qquad (2-37)$$

$$\mathrm{d}P = \mathrm{d}P_R + \mathrm{d}P_L$$

$$\mathrm{d}u = \mathrm{d}u_R + \mathrm{d}u_L = 0$$

由此可求得

$$\mathrm{d}P_R = \mathrm{d}P_L, \quad \mathrm{d}u_L = -\mathrm{d}u_R, \quad \mathrm{d}P = 2\mathrm{d}P_R, \quad \mathrm{d}u = 0$$

图 2-8 为图解法计算结果，可以看出用图解法也可得到相同的结果。这说明，入射波与反射波压力扰动值相同，而速度扰动值相反；边界的总压力变化量是入射单波值的 2 倍；速度总变化量为 0。这时，入射波和反射波的性质相同，即同为密波或疏波，压力扰动幅度也相同，称为全反射。

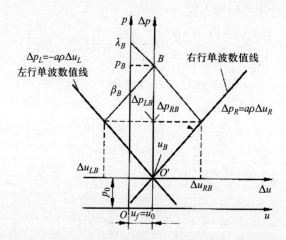

图 2-8　均熵气流有限小扰动波封闭端全正反射图解计算

有限小扰动流动时，a、ρ 不是常数，一般不会出现等速端，故应在 $a\text{-}u$ 状态平面中进行分析。与微波不同的是声速单波全正反射，边界点声速的总扰动值是来流声速单波的 2 倍。

2.3.2.2　出流开口端（出流等压端）

管段出流孔口等于管端截面时称为出流开口端。亚声速出流开口端的边界条件方程为 $p = p_c$ 及 $\mathrm{d}p = 0$。p_c 是出流口外的背压，故出流开口端又称为出流等压端。出流速度达到声速时出现壅塞状态。

当右行单波 $\mathrm{d}P_R$ 到达开口端时，可得到下列方程：

$$\mathrm{d}P_R = \frac{k-1}{2}\mathrm{d}u_R$$

$$\mathrm{d}P_L = -\frac{k-1}{2}\mathrm{d}u_L \qquad\qquad (2-38)$$

$$\mathrm{d}P = \mathrm{d}P_R + \mathrm{d}P_L = 0$$

$$\mathrm{d}u = \mathrm{d}u_R + \mathrm{d}u_L$$

由此可求得

$$\mathrm{d}P_L = -\mathrm{d}P_R,\ \ \mathrm{d}u_L = \mathrm{d}u_R,\ \ \mathrm{d}u = 2\mathrm{d}u_R,\ \ \mathrm{d}P = 0$$

图2-9为图解法计算结果，在液流和微波气流状态下入射波到达开口端后，入射波和反射波的符号相反，而幅值的绝对值相同；速度波则完全相同；管端压力变化为0，而速度变化是入射波的2倍。这种入射波与反射波的性质相反而幅值的绝对值相同的反射称为全负反射。

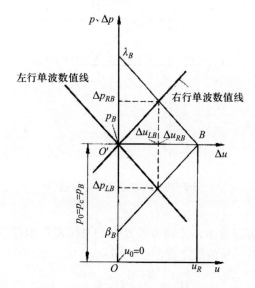

图2-9 均熵气流有限小扰动的出流开口端全负反射图解

在有限小扰动的情况下，则出现声速扰动全负反射。

2.3.2.3 入流开口端

孔口与管截面相同的入流端称为入流开口端。它与出流开口端的差别在于，它有一段由管外滞止状态收缩入流的绝热等熵边界流段，因此其边界情况比出流开口端要复杂一些。

气体流动的边界流绝热等熵关系的无量纲表达式为

$$A_c = \frac{a}{a_c} = \left(\frac{p}{p_c}\right)^{\frac{k-1}{2k}} = P_c^{\frac{k-1}{2k}} = \Pi \qquad (2-39)$$

式中：p_c 为管外滞止状态压力，选用作为边界流的参考状态参数。

将滞止参数的绝热能量方程中滞止声速换算关系转化为无量纲形式：

$$(A_c)_c^2 = A_c^2 + \frac{k-1}{2}U_c^2 = \Pi^2 + \frac{k-1}{2}U_c^2 = 1 \qquad (2-40)$$

此即为所求边界方程，如图 2-10 所示，它是一条由 $A_c = \Pi = 1$ 点出发的能量椭圆曲线。从图中可以看出，速度越高，边界点声速就越低，即压力越小，这是压力能转化为动能的结果。

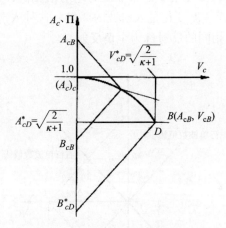

图 2-10　入流开口端边界线

从图 2-10 中可以看出，传到边界 B 点的来流左行单波的黎曼不变量无量纲量为 B_{cB}，将其与等单波线方程联立，即

$$\Pi_B^2 + \frac{k-1}{2}U_{cB}^2 = 1$$

$$\Pi_B - \frac{k-1}{2}U_{cB} = B_{cB} \qquad (2-41)$$

求得边界点 B 的无量纲量 $\Pi_B(A_{cB})$，U_{cB} 以后，再代入等右行单波方程，$\Pi_B + [(k-1)/2]U_{cB} = \Lambda_{cB}$，求得反射波的 Λ_{cB} 值。

从图 2-10 中看出所求得的能量椭圆边界线在临界值 $\Pi_D^* = (A_{cD}^*) = U_{cD}^*$ 的 D 点以前，适用于亚声速入流。D 点为临界点，过 D 点作 β 特征线，求得图中

34

的 B_{cD}^* 点。当来流黎曼不变量 Bc 在 $1 \sim B_{cD}^*$ 范围内时，均为亚声速入流；当 $Bc < B_{cD}^*$ 时，管口入流边界面下游的管内压力低于临界值，处于壅塞声速流动状态，边界值将维持在 D 点不变。当 $k = 1.4$ 时，临界压力比值为 $p_D^*/p_c = 0.5382$，$\alpha_D^*/\alpha_c = 0.9128$，此即 $Ma = 1$ 时的临界压比值与临界声速比值，是经常被引用的常数。

2.3.3 孔口出流端

出流孔口小于管截面时的边界称为孔口出流端边界，气流孔口出流端的边界状态如图 2-11 所示。气流由边界满流截面 I-I（状态参数为 p、a、u、ρ，截面积为 F），绝热等熵缩流到最小喉口截面 t-t（孔口外，其状态参数为 p_t、$a_t u_t$、ρ_t），截面积为 αF_t。再在管外膨胀到背压 p_c、a_c 的空间，此时的滞止状态参数是 p_0、a_0、ρ_0。

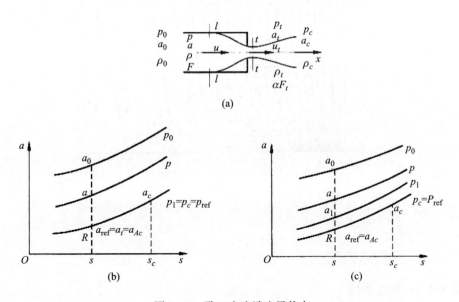

图 2-11 孔口出流端边界状态

当滞止压力上升或背压下降时，喉口流速加大。在亚声速流的情况下，有 $p_t = p_c$，喉口处是等压膨胀；但在声速流的情况下，喉口达到壅塞状态，此时无论背压如何下降流速将保持为声速不变，流量亦保持常数；若此时参考状态参数 p_0 上升，并且 p_t 与 p_0 仍保持临界压比，则喉口仍为声速临界状态，流量虽有上升，但喉口仍维持壅塞状态。

在分析研究孔口出流状态时，喉口流通面积与管道截面之比值 $\phi = \alpha F_t / F$（孔管有效流通截面比）是一个十分重要的参变量，其影响如图 2-12 所示。详细分析可见相关参考文献。

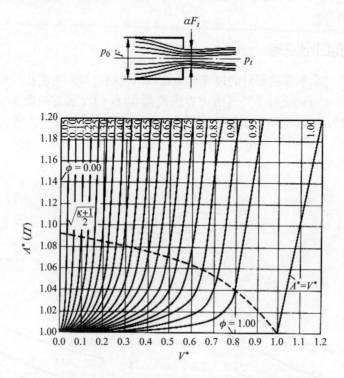

图 2-12　孔口出流端在不同有效孔管截面积比时的边界曲线

2.3.4　孔口入流端

2.3.4.1　物理模型

孔口入流边界流的物理模型如图 2-13（a）所示。在整个流动过程中，由管外滞止状态 p_c、a_c、ρ_c、$u = 0$，绝热等熵缩流到最小喉口截面 $t-t$ 的 p_t、a_t、ρ_t、u_t，喉口截面积为 αF_t，然后再绝热不等熵扩流到边界面 $I-I$ 的 p、a、ρ、u，管截面为 F。对于不等熵扩流段有三种物理模型，如图 2-13（b）所示。

（1）等压模型。喉口处为亚声速入流时，假设扩流段是等压膨胀，即保持 $p_t = p_0$，如图 2-13（c）所示。此类模型较适合于管口为菌形阀入流的情况，如柴油机的进、排气阀。

（2）压力恢复模型（突扩模型）。喉口处为亚声速入流时，在能量耗散的同时，边界压力有局部升高，即 $p>p_t$。此时假定喉口处的管截面上各点的压力相同，于是可通过建立喉口到边界截面的动量方程来求解。此种模型较适用于通过喷嘴喷气进入管内的情况。

（3）压降模型。此种模型是用于从入流口到管口存在环流室的情况，如二冲程柴油机由排气孔到环流室，再到排气管，如图 2-13（d）所示。此时假设环流室压力与喉口压力相同，然后再由环流室按入流开口端进入到管中。

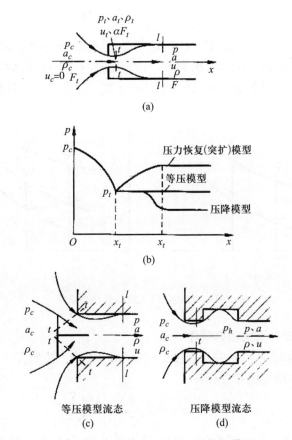

图 2-13　气流孔口入流的三种物理模型

2.3.4.2　等压模型边界状态的分析

图 2-14（a）、（b）分别为亚声速和声速入流的 a-s 图。选择管外滞止状

态为参考状态，无量纲量分别为 $A_c = a/a_c$，$U_c = u/a_c$，$A_{tc} = a_t/a_c$，$U_{tc} = u_t/u_c$，$A_{Ac} = a_{Ac}/a_c$。根据熵值的定义，有

$$A_{Ac} = \frac{a_{Ac}}{a_c} = e^{\frac{s-s_c}{2c_p}} \qquad (2-42)$$

此时管外滞止状态与边界状态不等熵，无量纲量 A_{Ac} 表示熵的变化量。经过推演转换后可得，绝热能量方程的无量纲形式为

$$A_c^2 + \frac{k-1}{2}U_c^2 = (A_c)_c = 1 \qquad (2-43)$$

即

$$A_c = \sqrt{1 - \frac{k-1}{2}U_c^2} = \Pi A_{Ac} \qquad (2-44)$$

从式（2-44）中可以看出，A_c 和 A_{Ac} 都是 Π 和 U_c 的函数，因此三变量的边界方程可以转化为 $\Pi = f(U_c)$ 的形式，其上任何一点都可以同时求出 A_c 和 A_{Ac} 值，而且由 Π 所反映的压比关系可直接求出 p 值，这正是引入 Π 的意义所在。

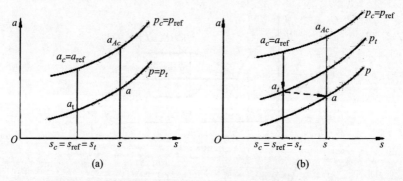

图 2-14　气流孔口入流时的边界条件

2.3.4.3　亚声速入流的边界条件

亚声速入流时的 a–s 关系如图 2-14（a）所示。按照等压模型，有 $p = p_t$，$u_t < a_t$。由绝热能量方程得

$$a_c^2 = a_t^2 + \frac{k-1}{2}u_t^2 = a^2 + \frac{k-1}{2}u^2$$

因无量纲量 $a_c/a_c = (A_c)_c = 1$，故上式可化为两个无量纲方程，即式（2-43）和下式：

$$A_{tc}^2 + \frac{k-1}{2}U_{tc}^2 = \Pi^2 + \frac{k-1}{2}U_{tc}^2 = 1 \qquad (2-45)$$

38

其中

$$A_{tc} = \frac{a_t}{a_c} = \left(\frac{p_t}{p_c}\right)^{\frac{k-1}{2k}} = \left(\frac{p}{p_c}\right)^{\frac{k-1}{2k}} = \Pi$$

又引入连续方程 $\rho u = \phi \rho_t u_t$ 和等压关系式 $(a/a_t)^2 = \rho_t/\rho$，将两式合并后得

$$u_t = \frac{u}{\phi}\frac{\rho}{\rho_t} = \frac{u}{\phi}\left(\frac{a_t}{a}\right)^2$$

化为无量纲形式为

$$U_{tc} = \frac{U}{\phi}\left(\frac{a_t/a_c}{a/a_c}\right)^2 = \frac{U}{\phi}\left(\frac{\Pi}{A_c}\right)^2 \qquad (2-46)$$

将式（2-43）、式（2-45）、式（2-46）三个方程式联立，有 4 个变量 Π、A_c、U_c、U_{tc}，消去 U_{tc} 和 A_c，最终得到 $\Pi = f(U)$ 孔口亚声速入流边界方程：

$$\frac{\phi}{\Pi}\sqrt{\frac{2}{(k-1)}\left(\frac{1}{\Pi^2}-1\right)} = \frac{U_c}{1-\frac{k-1}{2}U_c^2} \qquad (2-47)$$

式（2-47）在图 2-14 上是由 $\Pi = 1$、$U_c = 0$ 点出发的，以 $\phi = \alpha F_t/F$ 为参变量的曲线族，图中的 U_c 以入流方向为正方向。$\phi = 0$ 时是坐标纵轴为边界的（$U_c = 0$）封闭端；对于 $\phi = 1$ 开口端时，则得到能量椭圆曲线方程，亦即入流开口端边界方程。

2.3.4.4 喉口声速入流的边界条件

由图 2-14（b）可知，喉口处入流速达到声速后，管端压力 p 再下降时，喉口处于壅塞状态，p_c/p_t 保持临界压力比不变，$a_t = u_t$，而 $p_t > p$。

喉口声速入流的边界方程为

$$\Pi = \left\{\phi\left(\frac{2}{k+1}\right)^{\frac{k+1}{2(k-1)}}\left[\frac{1-\left(\frac{k-1}{2}\right)U_c^2}{U_c}\right]\right\}^{\frac{k-1}{2k}} \qquad (2-48)$$

在图 2-15 中表示为 AB 水平线下的曲线族，当 ϕ 值相同时，声速与亚声速边界线必然在上述水平线上相交，且平滑过渡。

2.3.5 完全边界图与边管联合求解

2.3.5.1 完全边界图

在柴油机工程问题中，对于某一管端常常不是单纯的出流或入流，如在进排气管端除正流外还经常发生倒流，即出流、入流在工作过程中会交替出现。

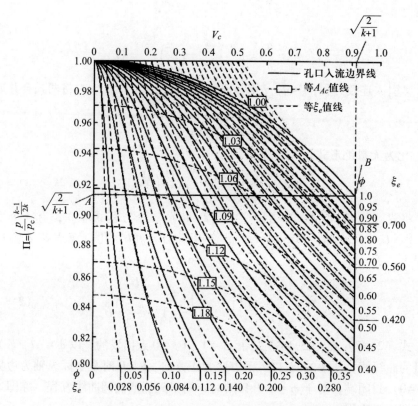

图 2-15 气流孔口入流端在不同有效孔管截面比时的边界曲线图

因此，在计算时应将出流、入流边界方程综合在一起考虑，即在状态坐标系中按此原则作出的边界曲线图称为完全边界图。

气流的完全边界图如图 2-16 所示。纵坐标取为 $\Pi = (p/p_c)^{(k-1)/2k}$，横坐标以出流为速度正方向。此时，出流边界线位于以 $\Pi = 1$，$U^* = 0$ 为界的第一象限内，且横坐标必为 U^*，而入流边界线一定在第三象限内。将前面的出流、入流边界线族移至此处，就组成完全边界图。

在利用完全边界图进行计算时，先要判断是出流还是入流，以便选择适用的边界。具体方法为，在确定边界流及管流正方向后，由已知的来流黎曼不变量 λ_{in}、边界点熵值 a_A、边界外压力 p_c 和管内参考压力 p_{ref} 所组成的无因次量来判断。

（1）$\Lambda_{in} > 1$ 为出流，u 为正，$p > p_c$，即 $\Pi > 1$ 为图 2-16 中所示的 A 点的 Λ_{inA}。

（2）$\Lambda_{in} < 1$ 为入流，u 为负，$p < p_c$，即 $\Pi < 1$，为图 2-16 中所示的 B 点

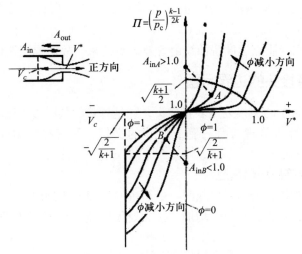

图 2-16　气流的完全边界图

Λ_{inB}。

（3）$\Lambda_{in}=0$ 为无流，u 为零，$p=p_c$，即 $\Pi=1$。

2.3.5.2　边管联合求解

非定常流求解到达边界点时，管内无论采用何种计算方法，边界点的计算仍以边界方程与来流等单波线方程联立求解最为合适。即管内计算到边界点时，将进入边界的等单波线方程转换为边界广义黎曼不变量的来流方程，在判断流向后，引入相应的边界方程联立求解，即可求得边界点的 p、u、a、a_A、λ_{out} 等参数值，此时入流方程的 U_c 都加上负号。在图 2-16 中列举的 A、B 两点为同一 ϕ 值的出、入流边界点的图解。

考虑导管内流和边界流的不同特点，联立求解时有两种可能出现的情况：

（1）管内是等熵流，则边界流无论是等熵或不等熵，由于边界点的熵值不变，所以不用第三条质点速度特征线来联立求解。此时，$(\Delta\Lambda_I)_R$ 或 $(\Delta\Lambda_{II})_S$ 都为零（图 2-17（a））。

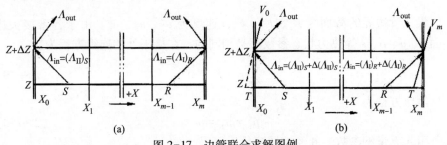

(a)　　　　　　　　　　　　(b)

图 2-17　边管联合求解图例

（2）管内是非均熵流，由于边界点熵值的改变，所以需要利用第三条特征线来联立求出熵值，而且$(\Delta \Lambda_I)_R$和$(\Delta \Lambda_{II})_S$都不为零。在入流时，如图2-17（b）左端，质点速度特征线由管外T点流入，故需要用迭代法求解。

2.3.6 多管接头的边界问题

两根以上管子的交接处是多管接头，它是各管的共同边界流段。多缸内燃机进、排气歧管与总管常有三管或多管的交接，两管接头就是管中的变截面处。

2.3.6.1 一维等压均熵模型

各管在多管接头处为开口端时，最简单的处理方法是假定接头中为一维等压、均熵流场，各管为绝热、均熵，接头处无压差。以图2-18的三管接头为例进行分析。

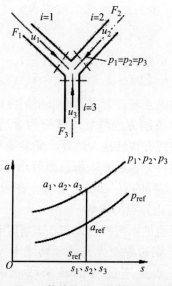

图2-18 三管接头的一维等压均熵模型

设三管边界的截面为F_1、F_2、F_3，速度为u_1、u_2、u_3。由于各管接头边界面p、a、ρ、s等热力状态参数都是相同的，在接头处的连续方程为

$$\sum_{i=1}^{3} \rho_i u_i F_i = 0 \qquad (2-49)$$

等压方程为

$$p_1 = p_2 = p_3 \qquad (2-50)$$

引入无量纲参数，并经推导演化后可得

42

$$(\Lambda_{\text{out}})_1 = K_1 (\Lambda_{\text{in}})_1 + K_2 (\Lambda_{\text{in}})_2$$
$$+ K_3 (\Lambda_{\text{in}})_3 - (\Lambda_{\text{in}})_1 \qquad (2-51)$$

其中

$$K_1 = \frac{2F_1}{F_1 + F_2 + F_3}$$

$$K_2 = \frac{2F_2}{F_1 + F_2 + F_3}$$

$$K_3 = \frac{2F_3}{F_1 + F_2 + F_3}$$

按上述方法，可求得 $(\Lambda_{\text{out}})_2$、$(\Lambda_{\text{out}})_3$，因为 $(\Lambda_{\text{in}})_1$、$(\Lambda_{\text{in}})_2$、$(\Lambda_{\text{in}})_3$ 均为已知，则在求出各管反射波的 Λ_{out} 后即可求得各管便捷的 A、U 值。

2.3.6.2 一维等压不均熵模型

一维等压不均熵模型用于接头各边界不等熵时，但假定接头处各边界面压力相等。

如图 2-19 所示，有 n 管通向此接头，各管均选择相同的参考状态并使用带 $*$ 号的无量纲量。管端压力相等，有

$$A_i^* = \frac{A_i}{A_{Ai}} = \left(\frac{p}{p_{\text{ref}}}\right)^{\frac{k-1}{2k}} = 常数 \qquad (2-52)$$

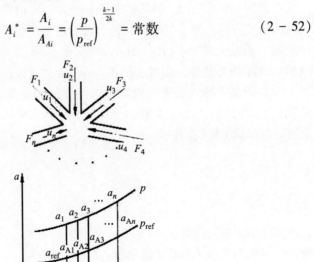

图 2-19 多管接头的一维等压不均熵模型

接头处的连续方程：

$$\sum_{i=1}^{n} \rho_i u_i F_i = 0$$

转化为无量纲形式有

$$\sum \left[\frac{(A_i^*)^{\frac{2}{k-1}}}{A_{Ai}} U_i^* F_i \right] = 0 \qquad (2-53)$$

式（2-52）、式（2-53）即为接头处的边界方程组。

已知各管进入接头的状态平面的等单波线方程为

$$(\Lambda_{\text{in}})_i^* = A_i^* + \frac{k-1}{2} U_i^* \qquad (2-54)$$

代入式（2-53）并经演化后，可得

$$A_i^* = \frac{\displaystyle\sum_{i=1}^{n} \left[\frac{(\Lambda_{\text{in}})_i^*}{A_{Ai}} F_i \right]}{\displaystyle\sum_{i=1}^{n} \left(\frac{F_i}{A_{Ai}} \right)} \qquad (2-55)$$

如已知各管进入接头的 $(\Lambda_{\text{in}})_i^*$ 和各管边界的 A_{Ai}，则可求出 A_i^*，代入来流等单波线方程即可求得 U_i^*。

各管的 $(\Lambda_{\text{in}})_i^*$、$A_{Ai}$ 的具体求解方法为：先根据第 i 管上一步长点进入接头时的速度方向，初步判断该管是上游管还是下游管。

（1）若是上游出流管，则 a_A 可按第三条质点速度特征线来求得，而 $(\lambda_{\text{in}})_i$、a_{ref} 均为已知，则可求出 $A_{Ai} = a_{Ai}/a_{\text{ref}}$，$(\Lambda_{\text{in}})_i^* = (\lambda_{\text{in}})_i/a_{Ai}$。

（2）若是下游入流管，假定各入流管的熵值都相同，而且等于各上游出流管熵值的加权平均值，即相当于出流到接头的介质均匀混合后再分入到各入流管，此值以 $(A_{Ai})_m$ 表示。

$$(A_{Ai})_m = \frac{\displaystyle\sum_{i=1}^{n} (U_i^* F_i A_{Ai})}{\displaystyle\sum_{i=1}^{n} (U_i^* F_i)} \qquad (2-56)$$

式中：m 为下游入流管数，$(n-m)$ 则为上游管数。式（2-56）并未增加未知数，但须先知道各 U_i^* 后才能求解。

2.3.6.3　一维压强损失模型

在这种模型中，既考虑边界不等熵，又在接头处存在压强损失，其复杂性在于：

（1）压强损失既取决于上、下游管截面的差异，又与各管的相互几何位置紧密相关，相邻管中心线接近平行时，同向有引流作用，异向有对冲作用。

44

（2）管数越多，流动类型也越多（如多管汇入少数管子的聚合流或少量管子流入多数管子的分散流）。

不同数量、尺寸及布置的管接头情况有不同的处理方法，下面以常见的等截面开口端三接头为例进行分析说明。

图2-20表明，T型接头中有两大类流型：从一管向另两管的分散流；从两管流入另一管的聚合流。再细分可以有如表2-2所列的4种基本流型和6种具体流型。分析时作如下假设：

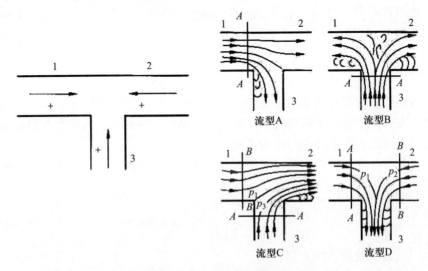

图2-20　T型接头的流型

表2-2　T型接头基本流型及具体流型

类别	基本流型	具体流型	1管	2管	3管
分散流	A	I	+	−	−
		II	−	+	−
	B	III	−	−	+
聚合流	C	IV	−	+	+
		V	+	−	+
	D	VI	+	+	−

（1）出流管端（流入接头端）的满流截面靠近接头处（A-A，B-B截面），而入流管段在离接头数倍直径长的距离内部存在涡旋，其满流边界面离接头处较远。

（2）假定相邻的出流管端边界处的压力都相同（如图2-20中流型C有

$p_1 = p_3$，流型 D 中有 $p_1 = p_2$）。

根据以上假定，可建立起不同流型两管间的动量方程，并引入稳流试验求得的经验系数 C，以弥补理论上无法直接确定接头处局部阻力系数的不足。

（1）各流型的动量方程。

流型 I

$$p_2 - p_3 = C_1(\rho_1 u_1^2 - \rho_2 u_2^2) + C_2 \rho_3 u_3^2 \qquad (2-57)$$

流型 II

$$p_1 - p_3 = C_1(\rho_2 u_2^2 - \rho_1 u_1^2) + C_2 \rho 3 u_3^2 \qquad (2-58)$$

流型 III

$$p_3 - p_2 = C_3 \rho_2 u_2^2 \qquad (2-59)$$

流型 IV

$$p_1 - p_3 = C_4(\rho_2 u_2^2 - \rho_1 u_1^2) \qquad (2-60)$$

流型 V

$$p_2 - p_3 = C_4(\rho_1 u_1^2 - \rho_2 u_2^2) \qquad (2-61)$$

流型 VI

$$p_2 = p_1$$
$$p_1 - p_3 = p_2 - p_3 = C_5 \rho_3 u_3^2 \qquad (2-62)$$

各经验系数的推荐值为：$C_1 = 0.3$；$C_2 = 0.6$；$C_3 = 0.75$；$C_4 = 0.9$；$C_5 = 0.85$。在斜插三管接头的情况下，因为 $\alpha \neq 90°$，各种流型的动力方程及经验系数都有变化，需通过专门试验来确定。

将各动量方程转化为无量纲形式，则可归纳出对各种方程都适用的通用的形式

$$\left(\frac{A_i^*}{A_1^*}\right)^{\frac{2k}{k-1}} + G_1\left(\frac{A_i^*}{A_1^*}\right)^{\frac{2}{k-1}} - G_2 = 0 \qquad (2-63)$$

（2）接头处的连续方程。

$$\sum_{i=1}^{3} \rho_i u_i F_i = 0$$

将 $(\lambda_{in})_i = a_i + \frac{k-1}{2} u_i$ 代入，并进行无量纲处理可得

$$\sum \left\{ \frac{(A_i^*)^{\frac{2}{k-1}}}{A_{Ai}} [(\lambda_{in})_i^* - A_i^*] F_i \right\} = 0 \qquad (2-64)$$

（3）接头处的能量方程。

有两种形式的能量方程分别用于聚合流及分散流。

聚合流时，两管流入一管，接头处为绝热准定常流，不会出现能量堆积，瞬间进出的介质的滞止焓之和为零，即

$$\sum_{i=1}^{3} \dot{m} \cdot h_{0i} = \sum_{i=1}^{3} \rho_i u_i F_i h_{0i} = 0$$

$$h_{0i} = \frac{a_{0i}^2}{k-1} = \frac{A_{0i}^2}{k-1} a_{ref}^2 = \frac{a_{ref}^2}{k-1} A_{Ai}^2 \left[(A_i^*)^2 + \frac{k-1}{2}(U_i^*)^2 \right] \qquad (2-65)$$

最后，可得聚合流的能量方程为

$$\sum_{i=1}^{3}\left\{A_{Ai}\left(A_i^*\right)^{\frac{2}{k-1}}V_i^*\left[\left(A_i^*\right)^2+\frac{k-1}{2}\left(V_i^*\right)^2\right]F_i\right\}=0 \qquad (2-66)$$

分散流时，一管流入两管，沿流线的滞止焓为常数，可得

$$A_{A1}^2\left[\left(A_1^*\right)^2+\frac{k-1}{2}\left(U_1^*\right)^2\right]=A_{A2}^*\left[\left(A_2^*\right)^2+\frac{k-1}{2}\left(U_2^*\right)^2\right]$$

$$=A_{A3}^2\left[\left(A_3^*\right)^2+\frac{k-1}{2}\left(U_3^*\right)^2\right] \qquad (2-67)$$

（4）接头的解。

对于聚合流及分散流分别有边界方程，加上三个管的来流 λ_{in} 方程式，共有七八个方程式。待求参数除 A_1^*、A_2^*、A_3^* 和 U_1^*、U_2^*、U_3^* 外，聚合流出流到接头的两管的 A_A 为已知，尚有入流管端的 A_A 未知，即有 7 个未知量，有 7 个方程即可解。分散流则有两个入流管端的 A_A 为未知，即有 8 个未知量，有 8 个方程亦可解。

以上 3 种模型，其复杂程度依次递增，计算精度也依次有所提高。从实际应用来看，在缺少管道接头损失系数试验数据的情况下，采用简单的等压模型即能达到一定的精度，比较合适。

2.4 一维非定常流动有限差分法

随着计算流体力学方法的日益成熟，采用直接离散求解流动控制方程组的数值解法已获得广泛的应用，逐渐有取代特征线法成为主流解法的趋势。在计算流体力学中，常用的求解偏微分方程方法为有限差分法、有限元法、有限体积法等。有限差分法是通过采用截断的泰勒级数来近似微分方程，是导数定义的直接应用；有限元法是采用变分法原理或带权余数法来控制每一元素的近似解与真实解的误差，其网格单元是非结构形式的；有限体积法是采用对方程的积分形式进行离散，它既可以像有限元法那样方便地应用非结构网格，又可以像有限差分法那样方便地确定离散的流场。在内燃机一维流动的数值解法中，有限差分法有着较为广泛的应用。

2.4.1 有限差分法的基本概念

采用计算流体力学方法对内燃机中流动问题的数值模拟的基本步骤，可归纳为：

（1）建立物理及数学模型，即建立反映各有关参量之间关系的微分方程

47

式及定解条件。

（2）确定高效率、高精度的计算方法，即建立针对控制方程的网格划分和数值离散方法，并给定相应的定解条件。

（3）编制程序和进行计算（可借助已有的商业软件），分析和验证计算结果。

2.4.1.1　建立数学模型

内燃机一维管流的基本控制方程组为连续、动量、能量方程。

$$\begin{cases} \dfrac{\partial \rho}{\partial t} + \rho \dfrac{\partial u}{\partial x} + u \dfrac{\partial \rho}{\partial x} + \dfrac{\rho u}{A} \dfrac{\mathrm{d}A}{\mathrm{d}x} = 0 \\[2mm] \dfrac{\partial u}{\partial t} + u \dfrac{\partial u}{\partial x} + \dfrac{1}{\rho} \dfrac{\partial p}{\partial x} + G = 0 \\[2mm] \left(\dfrac{\partial p}{\partial t} + u \dfrac{\partial p}{\partial x} \right) - \dfrac{kp}{\rho} \left(\dfrac{\partial \rho}{\partial t} + u \dfrac{\partial \rho}{\partial x} \right) - (k-1)\, \rho (\dot{q} + uG) = 0 \end{cases} \tag{2-68}$$

对于气体介质相关的 G、$\dot{q}$ 项中 T、s、a 等未知数时，则可补充联立状态方程、熵方程、声速方程等来求解。

2.4.1.2　网格划分及方程离散化

利用差分法进行求解，首先是将连续的求解域用有限的离散域来替代。如图 2-21 所示，将求解域划分成若干规则的等距网格，其 x、t 方向的网格间距分别为 Δx 和 Δt。纵横坐标的交点称为差分节点，图中给出了各点的坐标值。任一节点 $(j,\ n)$ 表示空间的点 $(j\Delta x,\ n\Delta t)$，其物理量及相应的导数分别用

$$\phi_i^n = \phi(j\Delta x,\ n\Delta t) \quad \text{和} \quad \left(\frac{\partial \phi}{\partial t} \right)_j^n = \left(\frac{\partial \phi}{\partial t} \right) x = j\Delta x$$

$$t = n\Delta t$$

表示。相应于 $j=0$ 或 $j=J$ 的网格点称为边界点，$n=0$ 的点称为初始点，其他点称为内点。边界上及初始时刻的解为已知，问题即变为求解内点的 ϕ_j^n。

2.4.1.3　差分方程的建立

微分方程表述的是流动物理量的各项偏导数之间的关系，将偏微分方程离散为差分方程时，它的各项偏导数被离散为差商。差商的形式称为偏导数的差分格式，由差商项组成的差分方程则称为偏微分方程的差分形式。在一维流动问题中，有 3 种差分格式，即

（1）向前差分格式：

$$\vec{\delta}_t u = \frac{u_j^{n+1} - u_j^n}{\Delta t} = \left(\frac{\partial u}{\partial t} \right)_j^n + O(\Delta t) \tag{2-69}$$

（2）向后差分格式：

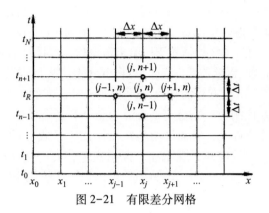

图 2-21　有限差分网格

$$\overset{\leftarrow}{\delta_t} u = \frac{u_j^n - u_j^{n-1}}{\Delta t} = \left(\frac{\partial u}{\partial t}\right)_j^n + O(\Delta t) \tag{2-70}$$

（3）中心差分格式。

$$\left(\frac{\partial u}{\partial t}\right)_j^n = \frac{u_j^{n+1} - u_j^{n-1}}{2\Delta t} + O(\Delta t^2) \tag{2-71}$$

2.4.2　有限差分近似理论

有限差分的近似理论是研究差分方程与微分方程之间、它们解之间的差别以及差分方程解的误差发展的问题。它主要研究三个方面的问题：

（1）收敛性。收敛性研究的是差分方程的解与微分方程的差别问题。如果在求解域中的任一离散点（x，t）上，当网格步长 Δx 与 Δt 趋于零时，有限差分方程的解趋近于所近似的微分方程的解，则称有限差分方程的解收敛于微分方程的解。

（2）相容性。相容性研究的是差分方程与微分方程之间的差别问题。如当 $\Delta x \to 0$，$\Delta t \to 0$ 时，有限差分方程与相应的偏微分方程一致，这种特性称为差分方程的相容性或一致性。

（3）稳定性。稳定性讨论的是差分解的误差在计算过程中的发展问题。如果计算中引起的误差在以后逐层计算过程中的影响逐渐消失或者保持有界，则称差分方程是稳定的，否则就是不稳定的。

收敛性和稳定性是两个不同的概念，分别属于方程离散过程中和上机计算过程中的两个不同环节。只有既收敛又稳定的格式才能得到有用的结果。

对于一个与线性微分方程相容的差分方程的适定的初值问题来说，差分解的稳定性和收敛性之间有着重要的联系。

初值问题是指给定初始条件的问题。对给定的方程，给定 $t=0$ 时层的初始条件，一步步求解其他时层的参数分布便属于初值问题。适定是指所提初值问题的解存在、唯一而且连续地依赖于所给定解条件。线性是指方程中没有未知函数的相乘项。只有这时误差传播方程才与相应的差分方程具有完全相同的形式。

Lax 通过研究偏微分方程的初值问题发现，对适定的线性初值问题，如若差分方程与微分方程相容，则稳定是收敛的充分和必要条件，这称为 Lax 等价定理。在定理所述条件下，只需证明稳定，便知它是收敛的；只需证明收敛，便知它是稳定的。这就避开了既需独立证明稳定，又需独立证明收敛的困难。故这一定理很有实用意义。Lax 定理只适用于线性问题，对非线性问题则尚未找到相应规律。

2.4.3　方程的数学性质与定解条件

将流动控制方程离散成差分方程以后，还需要给定相应的定解条件，才能进行流动的数值计算。不同的流动现象有不同的控制微分方程。根据微分方程理论，可按方程组的性质将其分为不同的类型。这一问题的重要性在于定解条件的提法，解的性质以及数值求解过程都是由方程的类型确定的。以拟线性二阶方程为例，即有抛物线型、双曲线型、椭圆型等三种类型。

不同类型的方程所具有的性质之间的差别可由解的依赖域和影响域之间的关系反映出来。

（1）依赖域与影响域。所谓的依赖域是指求解域中某一点的值依赖于该区域中每一点的函数值，而与边界上该区域外任何点处的值无关。所谓的影响域是指在该区域内方程的解均受到该点解的影响。

图 2-22 为三类典型方程的依赖域。从图 2-21 中可见，椭圆形方程任何一点的依赖域是一个完全包围的封闭曲线。对于抛物型和双曲型方程则某一点的依赖域范围由通过该点的特征曲线与边界的交点决定。

图 2-23 为三类典型方程的影响域。在 P 点的影响域内方程的解受到点 P 处解的影响（图 2-23 中的阴影部分）。对于椭圆型方程，一点的影响遍及整个区域，而整个区域也会影响任一点的状态。对于抛物方程，P 点的影响只涉及 P 点"以后"或"下游"的半无限区域。双曲型方程的影响域则是由过 P 点的两条特征线所界出的"下游"区域。

（2）定解条件。双曲型方程解的信息依赖域小于半域，抛物型方程的依赖域为半域。这两类都是推进型方程，求解域为开域，如图 2-24（a）所示。求解此类型方程应给出信息上游一侧的边界条件，一步步向上游推进求解，称为初值问题（包括初边值问题）。推进型方程不允许给出四周边界条件同时联解全场。

50

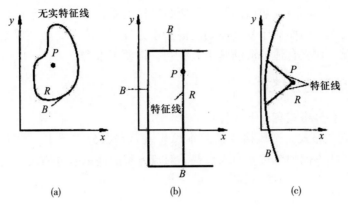

图 2-22　三类典型方程的依赖域

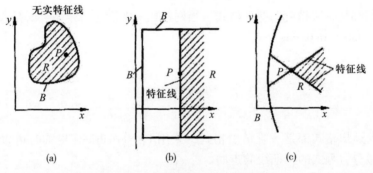

图 2-23　三类典型方程的影响域

椭圆型方程的求解域为闭域，如图 2-24（b）所示，属平衡型方程。求解此类型方程应给出四周边界条件同时联解全场，称为边值问题。

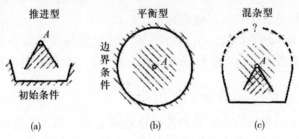

图 2-24　三类典型方程求解的定解条件

对于内燃机复杂流动的基本方程组，有的特征值一部分是实数，另一部分为复数，方程类型为混杂型，如图 2-24（c）所示。从实数特征值看，方程具

51

有推进型性质，不应提边值问题。从复数特征值看，方程具有平衡型性质，不应提初值问题。因而对于复杂流动的混杂型方程难于求解，必须根据物理流动的实际情况，建立合适的流动基本方程组，以便于求解。

2.4.4 常用差分格式

常用的差分格式有以下几种：

（1）迎风格式。迎风格式的基本思想就是在微分方程中，关于空间导数用偏向特征线一侧的单边差商来代替。对流方程的迎风差分格式为

$$\frac{u_j^{n+1} - u_j^n}{\tau} + c \frac{u_j^n - u_{j-1}^n}{h} = 0 \qquad c \geqslant 0 \qquad (2-72)$$

$$\frac{u_j^{n+1} - u_j^n}{\tau} + c \frac{u_{j+1}^n - u_j^n}{h} = 0 \qquad c < 0 \qquad (2-73)$$

它们都是一阶精度的差分格式。当网格比 τ/h 满足一定条件时是稳定的。

（2）Lax-Friedrichs 格式。

$$\frac{u_j^{n+1} - \frac{1}{2}(u_{j+1}^n + u_{j-1}^n)}{\tau} + c \frac{u_{j-1}^n - u_{j-1}^n}{2h} = 0 \qquad (2-74)$$

它与迎风格式都是一阶精度格式，采用 lax-Friedrichs 格式时可以不考虑对应的微分方程式的特征线的走向。

（3）跳步格式。对流方程的偏导数都用中心差商来逼近，则可得到如下的差分格式：

$$\frac{u_j^{n+1} - u_j^{n-1}}{2\tau} + c \frac{u_{j-1}^n - u_{j-1}^n}{2h} = 0 \qquad (2-75)$$

这个格式跳过了中心点，故称为跳步格式。

（4）Lax-Wendroff 格式。上述跳步格式是二阶精度格式，但它是一个三层格式，使用不方便。Lax 和 Wendroff 构造出一个二阶精度的二层格式：

$$u_j^{n+1} = u_j^n - \frac{1}{2} c\lambda (u_{j+1}^n - u_{j-1}^n) + \frac{1}{2} c^2 \lambda^2 (u_{j+1}^n - 2u_j^n + u_{j-1}^n) \qquad (2-76)$$

（5）隐式差分格式。上述各种差分格式都是显式的，从稳定性分析可见，它们有的是不稳定的，有的是条件稳定的，而隐式格式是稳定性最好的格式。

如对流方程的显式差分格式为

$$\frac{u_j^{n+1} - u_j^n}{\tau} + c \frac{u_{j+1}^n - u_{j-1}^n}{2h} = 0 \qquad (2-77)$$

相应的隐式差分格式为

$$\frac{u_j^{n-1} - u_j^n}{\tau} + c\frac{u_{j+1}^{n+1} - u_{j-1}^{n+1}}{2h} = 0 \qquad (2-78)$$

可以证明，这种格式是绝对稳定的。为了提高精度可将式（2-78）修改为

$$\frac{u_j^{n-1} - u_j^n}{\tau} + \frac{c}{2}\left(\frac{u_{j+1}^n - u_{j-0}^n}{2h} + \frac{u_{j+1}^{n+1} - u_{j-1}^{n+1}}{2h}\right) = 0 \qquad (2-79)$$

这种格式也称为 Crank-Nicolson 型差分方程。差分格式为二阶精度。

在求解流体流动问题微分方程的隐式差分格式中，由时刻 t_n 到 t_{n+1}，需要求解线性代数方程组，与显示格式相比，其工作量增加很多。但由于隐式格式的稳定性好，一般可以采用较大的时间步长来进行计算。

2.5　涡轮增压器数值仿真软件及模型

随着现代计算机技术的发展以及数值计算技术的发展，涡轮增压器的内部流动已可通过求解增压器内气体流动方程，获得气体运动规律，从而对涡轮增压器气动机理与控制开展研究。涡轮增压器压气机系统流场信息一般采用数值仿真方法获得。所用的数值仿真软件有前处理软件 Hypermesh、流场计算软件 ANSYS CFX 和各种版本的 FLUENT 软件。仿真过程涉及其控制方程组、湍流模型选择、边界条件和初始条件设置、计算收敛判定等。

2.5.1　前处理工具 Hypermesh

Hypermesh 是 HYPERWORKS 软件的一个功能强大的前后处理模块。它能建立各种复杂模型的有限元和有限差分模型，并且有高质量的网格划分功能、强大的几何输入输出功能、方便灵活的几何清理功能及为用户提供二次开发的良好环境功能。它还具有各种不同的 CAD 和 CAE 软件的接口，配有与各种有限元计算软件（求解器）的接口，为各种有限元求解器写出数据文件及读取不同求解器的结果文件，可实现不同有限元计算软件之间的模型转换，极大提高了计算效率。

2.5.2　流场分析软件 ANSYS CFX

ANSYS CFX 作为世界上唯一一款采用全隐式耦合算法的大型商业软件，其求解器采用有限容积法及基于有限元的有限容积法。算法先进、丰富的物理模型和前后处理的完善性使 ANSYS CFX 在结果精确性、计算稳定性、计算速

度和灵活性上都有优异的表现。CFX 可运行于 Unix、Linux、Windows 平台。ANSYS CFX 也被集成在 ANSYS Workbench 环境下，方便用户在单一操作界面上实现对整个工程问题的模拟。ANSYS CFX 计算流程如图 2-25 所示。

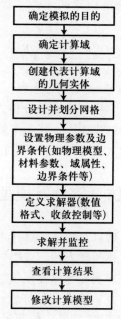

图 2-25　ANSYS CFX 计算流程图

2.5.3　流场分析软件 FLUENT

FLUENT 流场分析软件是目前国内外流体业界最受欢迎的计算软件之一。它的特点是速度与压力耦合采用同位网格上的 SIMPLEC 算法，且对流项差分格式纳入了一阶迎风、中心差分及 QUICK 等格式，因而可用来模拟从不可压缩到高度可压缩范围内的复杂流动，收敛速度快、求解精度高。

2.5.4　流体基本方程及模型介绍

2.5.4.1　流体基本方程或控制方程

涡轮增压器内部气体的流动是复杂的三维湍流流场，如果忽略工作过程中工作介质温度的变化以及温差造成的能量耗散，其流动受到质量守恒方程、动量守恒方程、能量守恒方程、组分守恒方程和体积力的约束或控制。

在采用 CFX 求解器进行流场数值仿真计算时，需要求解流动基本方程。CFX 使用全隐式多重网格耦合求解技术，这种求解避免了传统算法需要"假

54

设压力项—求解—修正压力项"的反复迭代过程,却能同时求解动量方程和连续性方程。

质量守恒方程常称作连续性方程,它所描述的物理意义为:单位时间内流体微元控制体中质量的增加,等于同一时间间隔内流入的质量减去流出的质量,其方程如下:

$$\frac{\partial \rho}{\partial t} + \frac{\partial (\rho u)}{\partial x} + \frac{\partial (\rho v)}{\partial y} + \frac{\partial (\rho w)}{\partial z} = 0 \qquad (2-80)$$

或表示为

$$\frac{\partial \rho}{\partial t} + \nabla(\vec{\rho} V) = 0 \qquad (2-81)$$

若介质为不可压流体,密度 ρ 为常数,则方程式(2-81)简化为

$$\nabla(\vec{V}) = 0 \qquad (2-82)$$

动量守恒方程即为著名的 Navier-Stokes 方程,简称 N-S 方程,其物理意义为:微元控制体中流体的动量对时间的变化率等于外界作用在该微元控制体上的各种力之和。笛卡儿坐标系下 Navier-Stokes 方程可表达为

$$\frac{\partial U}{\partial t} + \frac{\partial (F_I + F_V)}{\partial x} + \frac{\partial (G_I + G_V)}{\partial y} + \frac{\partial (H_I + H_V)}{\partial z} = Q \qquad (2-83)$$

式中:下标 I 代表无黏性;下标 V 代表黏性。

式(2-83)中各参数表示如下:

$$U = \begin{bmatrix} \rho \\ \rho u \\ \rho v \\ \rho w \\ \rho\left(e + \dfrac{v^2}{2}\right) \end{bmatrix}, \quad F_I = \begin{bmatrix} \rho u \\ \rho u^2 + p \\ \rho v u \\ \rho w u \\ \rho\left(e + \dfrac{v^2}{2}\right) u + pu - k\dfrac{\partial T}{\partial x} \end{bmatrix}$$

$$F_V = \begin{bmatrix} 0 \\ -\tau_{xx} \\ -\tau_{xy} \\ -\tau_{yz} \\ -u\tau_{yx} - v\tau_{xy} - w\tau_{zz} \end{bmatrix}, \quad G_I = \begin{bmatrix} \rho u \\ \rho u^2 + p \\ \rho v u \\ \rho w u \\ \rho\left(e + \dfrac{v^2}{2}\right) u + pu - k\dfrac{\partial T}{\partial x} \end{bmatrix}$$

$$G_V = \begin{bmatrix} 0 \\ -\tau_{yx} \\ -\tau_{yy} \\ -\tau_{yz} \\ -u\tau_{yx} - v\tau_{yy} - w\tau_{yz} \end{bmatrix}, \quad H_I = \begin{bmatrix} \rho w \\ \rho u w + p \\ \rho v w \\ \rho w^2 \\ \rho\left(e + \dfrac{v^2}{2}\right)w + pw - k\dfrac{\partial T}{\partial z} \end{bmatrix}$$

$$H_V = \begin{bmatrix} 0 \\ -\tau_{zx} \\ -\tau_{zy} \\ -\tau_{zz} \\ -u\tau_{zx} - v\tau_{zy} - w\tau_{zz} \end{bmatrix}, \quad G_I = \begin{bmatrix} 0 \\ \rho f_x \\ \rho f_y \\ \rho f_z \\ \rho(uf_x + vf_y + wf_z) \end{bmatrix}$$

式（2-83）两端积分后可以写成

$$\int_{\Omega} \frac{\partial U}{\partial t} \mathrm{d}\Omega + \sum_{faces} \vec{K}_I \Delta \vec{S} + \sum_{faces} \vec{K}_V \Delta \vec{S} = \int_{\Omega} Q \mathrm{d}\Omega \qquad (2-84)$$

式中：$\vec{K}_I \Delta \vec{S}$ 和 $\Delta \vec{S}$ 分别代表无黏性和有黏通量。

能量守恒方程的物理意义为：流入热量减去输出功等于内部能量变化率加上流出的焓减去流入的焓，其数学表达式为

$$\frac{\partial E}{\partial t} + \nabla(E\vec{V}) = \vec{\rho F} \cdot \vec{V} - \nabla \cdot \vec{q} + \nabla(\vec{\tau} \cdot \vec{V}) \qquad (2-85)$$

其中

$$\nabla(\vec{\tau} \cdot \vec{V}) = -\nabla(p\vec{V}) + \nabla(\vec{\tau}^* \cdot \vec{V}) \quad -\nabla \cdot \vec{q} = \nabla(k\nabla T)$$

$$\frac{\partial E}{\partial t} + \nabla((E + p)\vec{V}) = \vec{\rho F} \cdot \vec{V} - \nabla(k\nabla T) + \nabla(\vec{\tau}^* \cdot \vec{V})$$

$$E = \frac{p}{\gamma - 1} + \frac{1}{2}\rho V^2$$

质量守恒定律、动量守恒定律和能量守恒定律反映流体运动规律的三组方程的理论解只有在一些简单情况、简单边界条件下才能获得，在大多数情况下只能借助有限元、有限体或有限插分原理才能求得数值解。

很明显，方程式（2-84）和式（2-85）这两个 N-S 方程是非线性的对流扩散型偏微分方程。一般情况下的 N-S 方程初边值问题解的存在性和唯一性尚未完全得到证明。只有在很苛刻的条件下，N-S 方程解的存在和唯一性才能证明。例如，当质量力有势时，数学上已经证明 N-S 方程的解具有如下性质：

（1）定常的 N-S 方程的边值问题至少有一个解，但是只有当雷诺数较小

时解才是稳定的。

（2）非定常平面或轴对称流动的初边值问题在一切时刻都有唯一解。

（3）一般三维非定常流动的初边值问题，只有当雷诺数很小时才在任意时刻都有唯一解。

（4）任意雷诺数的三维非定常流动的初边值问题，只有在某一时间区间内解是唯一的，时间区间的大小依赖于雷诺数和流动的边界，雷诺数越大则存在唯一解的区间越小。

N-S方程初边值问题解的存在说明，在雷诺数较小时，存在唯一的确定性解，也就是定常或非定常层流解；当不满足解的唯一性条件时，N-S方程可能存在分岔解。一般认为，随着流动雷诺数的增加，流动由层流向湍流过度的现象是N-S方程初边值问题解的性质在变化所致，层流是小雷诺数下N-S方程的唯一解；随着雷诺数的增加，出现过度流动，这是N-S方程的分岔解；高雷诺数的湍流则是N-S方程的渐近不规则解。总之，无论是层流还是湍流都服从N-S方程。

2.5.4.2 湍流模型及数值模拟方法

湍流是一种高度非线性的多尺度不规则流动。从表2-3看出，对于三维且较大的压力梯度以及中等的曲率和分离流动情况下流动模拟计算，应当采用低雷诺数下的湍流模型。表2-4中，低雷诺数模型解的边界层内层，y^+的适用范围为1~10；高雷诺数模型解的对数边界层，y^+的适用范围为20~50，但对数函数不适用于分离流，所以低雷诺数模型更有价值。图2-26为边界层分布图。

对于压气机来说，其内部流动主要是湍流运动。根据表2-3、表2-4和图2-26，目前在叶轮机械黏性流动计算中最常用的湍流模型就是一方程的S-A模型和两方程的$k-\varepsilon$模型。

表2-3 适应不同类型流态的湍流模型

	高雷诺数	低雷诺数	非线性	
湍流模型	标准的$k-\varepsilon$湍流模型扩展的壁面函数$k-\varepsilon$湍流模型	Baldwin-Lomax模型 Spalart-Allmaras模型 Launder-Sharm的$k-\varepsilon$模型 Yang-shin的$k-\varepsilon$模型 Chien的$k-\varepsilon$模型	也没雷诺数（预测初期需线性高雷诺数方程）	低雷诺数（预测初期需线性低雷诺数方程）
主流动形式	准二维、弱压力梯度、快速设计周期计算	三维、强压力梯度、中曲率分离流动	三维、弱压力梯度、大曲率无分离流动	三维、强压力梯度、大曲率分离流动

57

表 2-4 不同湍流模型的 y^+ 参数

	高雷诺数	低雷诺数	非线性	
湍流模型	标准的 $k-\varepsilon$ 湍流模型扩展的壁面函数 $k-\varepsilon$ 湍流模型	Baldwin-Lomax 模型 Spalart-Allmaras 模型 Launder-Sharm 的 $k-\varepsilon$ 模型 Yang-shin 的 $k-\varepsilon$ 模型 Chien 的 $k-\varepsilon$ 模型扩展的壁面函数 $k-\varepsilon$ 湍流模型	高雷诺数	低雷诺数
y^+	20~50	1~10	20~50	1~10

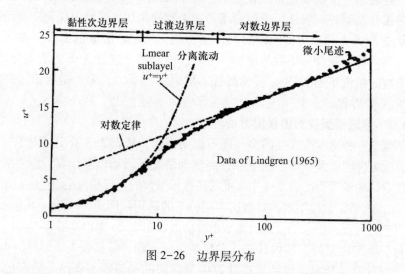

图 2-26 边界层分布

代数湍流模型通过混合长度来确定湍流黏性系数，与湍流动能无关。在湍流输运模型中，湍流黏性系数与湍流动能以及其他一些湍流量相关。对于可压缩流体的稳态流动，不考虑重力的影响，标准 $k-\varepsilon$ 两方程模型的输运方程为

$$\frac{\partial(\rho k)}{\partial t} + \frac{\partial(\rho k u_i)}{\partial x_i} = \frac{\partial}{\partial x_i}\left[\left(\mu + \frac{\mu_t}{\sigma_k}\right)\frac{\partial k}{\partial x_i}\right] + G_k - \rho\varepsilon \qquad (2-86)$$

和

$$\frac{\partial(\rho\varepsilon)}{\partial t} + \frac{\partial(\rho\varepsilon u_i)}{\partial x_i} = \frac{\partial}{\partial x_i}\left[\left(\mu + \frac{\mu_t}{\sigma_\varepsilon}\right)\frac{\partial\varepsilon}{\partial x_i}\right] + G_k G_{1\varepsilon} - C_{2\varepsilon}\rho\frac{\varepsilon^2}{k} \qquad (2-87)$$

式中：G_k 为湍流生成项，表示平均速度梯度而产生的湍动能，$G_k = -\rho \overline{u'_i u'_j}\dfrac{\partial u_j}{x_i}$；

μ_t 为模型常量，$\mu_t = \rho C_\mu \dfrac{k^2}{\varepsilon}$，$C_\mu$、$C_{1\varepsilon}$、$C_{2\varepsilon}$、$\sigma_k$、$\sigma_\varepsilon$ 取值见表 2-5。

表 2-5　标准 k-ε 湍流模型常数

C_μ	σ_k	σ_ε	$C_{1\varepsilon}$	$C_{2\varepsilon}$
0.09	1.0	1.3	1.44	1.92

从 20 世纪 70 年代以来，随着计算机技术的迅速发展，数值模拟已成为研究湍流的有效手段。根据研究湍流的不同目的，各种湍流数值模拟方法的精细程度有不同的层次。湍流的数值模拟方法可以分为两大类：直接模拟方法和非直接模拟方法，如图 2-27 所示。

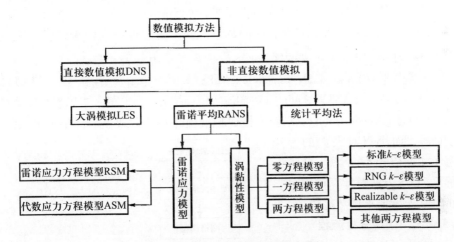

图 2-27　主要湍流数值模拟方法

研究湍流最精确的方法是直接数值模拟，即无须采用任何湍流模型直接求解三维瞬态 N-S 方程，就可得到各种不同尺度瞬时湍流流场。但 DNS 对内存空间及计算速度要求非常高，所以目前无法应用于真正意义的工程计算。

雷诺平均就是把 Navier-Stokes 方程中的瞬时变量分解成平均量和脉动量两部分。对于速度，有

$$u_i = \bar{u}_i + u' \quad (i = 1,\ 2,\ 3)$$

式中：$\bar{u}_i$、u_i' 分别是平均速度和脉动速度。

类似地，对于压力等其他标量，也有

$$\phi = \bar{\phi} + \phi' \qquad (2-88)$$

式中：ϕ 为标量，如压力、能量、组分浓度等。

把上面的表达式代入瞬时的质量连续与动量方程，并取平均（去掉平均

速度 $\bar{u}_i$ 上的横线），可以把质量连续与动量方程分别写成如下的笛卡儿坐标系下的张量形式：

$$\frac{\partial \rho}{\partial t} + \frac{\partial}{\partial x_i}(\rho u_i) = 0 \qquad (2-89)$$

$$\frac{\partial}{\partial t}(\rho u_i) + \frac{\partial}{\partial x_j}(\rho u_i u_j) = -\frac{\partial p}{\partial x_i} + \frac{\partial}{\partial x_j}\left[\mu\left(\frac{\partial u_i}{\partial x_j} + \frac{\partial u_j}{\partial x_i} - \frac{2}{3}\delta_{ij}\frac{\partial u_l}{\partial x_l}\right)\right]$$
$$+ \frac{\partial}{\partial x_i}(-\rho\,\overline{u'_i u'_j}) \qquad (i, j = 1, 2, 3) \qquad (2-90)$$

式中：ρ 为密度；x 为实际流动区域的空间坐标。

式（2-89）、式（2-90）称为雷诺平均的 Navier-Stokes（RANS）方程。它们和瞬时 Navier-Stokes 方程有相同的形式，只是速度或其他求解变量变成了时间平均量。额外多出来的项 $-\rho\,\overline{u'_i u'_j}$ 是雷诺应力，表示湍流的影响。

大涡模拟（LArge Eddy Simulation，LES）方法是介于直接数值模拟和 Reynolds 平均法（RANS）之间的一种湍流数值模拟方法。它的基本思想可以概括为：用瞬时的 Navier-Stokes 方程直接模拟湍流中的大尺度涡，不直接模拟小尺度涡，而小涡对大涡的影响通过近似模型考虑。总体而言，LES 方法对计算机内存和 CPU 速度要求仍然比较高。

2.5.4.3 CFD 分析流程

采用 CFD 方法分析各工况下的涡轮增压器内流场，就是从其具体的几何边界条件和物理边界条件出发，在流动基本方程（质量守恒方程、动量守恒方程和能量守恒方程）控制下对流动的数值模拟，得到复杂的三维流场内各个基本物理量的分布规律，并据此进行后处理，得到所关心的物理量，如流场速度分布和应力分布等，其基本过程如图 2-28 所示。

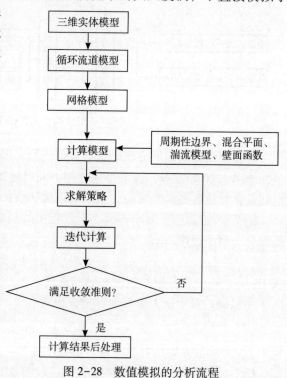

图 2-28　数值模拟的分析流程

2.6 流场分析实例

2.6.1 离心压气机建模及边界条件

涡轮增压器压气机流场计算模型如图 2-29、图 2-30 所示，其中叶轮部分有 6 个主叶片和 6 个分流叶片，扩压器为无叶扩压器。

图 2-29 叶轮流道模型示意图　　图 2-30 蜗壳及无叶扩压器示意图

网格生成是数值计算中的一个重要的前处理过程，对于复杂区域中的流动、传热等问题的计算，网格生成所需要的时间通常可占总时间的一半以上，网格质量的好坏将直接影响到计算结果的精度。

利用 HYPERWORKS 软件包中的 HYPERMESH 进行蜗壳流道、叶轮流道以及进气口的网格划分。在流场分析中，通常将流场划分为几块，然后再进行分析。这里将整个流场分成 3 块，它们分别是进气口流场区、叶轮流场区和蜗壳流场区，网格划分情况如表 2-6 所列。

表 2-6　离心压气机网格划分介绍

		叶　轮	涡　壳	进气口
网格数		227133		227133
总节点数		70302		70302
网格质量	翘曲度 Warpage	8.5	8.5	6.89
	Aspect	61.44	5	51.78
	Skew	85.34	60.1	64.58
	Jacobian	0.63	0.65	0.65

为了建模的方便，对涡轮增压器内部流场做了以下几个基本假设：

（1）工作介质为连续、可压缩气体，不考虑其内能的变化，密度 ρ 和动

61

力黏度均为常量。这里取 $\rho = 1.00 \text{kg/m}^3$，其他特性参数采用系统默认的数值。

（2）叶片与壳体为刚体。

（3）循环流量是从压气机的进气口流入，然后经由流道从压气机出口流出，忽略容积损失及散热流量的影响。

（4）无叶片区和装配间隙构成的区域在外环面上处于一种压力平衡状态，并且间隙处的流动没有来自循环流道外部的干扰。

（5）对固体壁面取不渗透、无滑移、绝热的边界条件，使通过固体壁面的质量通量、动量通量及能量通量为0。

在计算过程中确定整个压气机的进出口参数。在刚开始不知道流场具体分布的情况下，预先给定空气滤清器出口即压气机入口处总温度和流量，并选定轴向进气；再给定压气机蜗壳出口静压以便调整压气机的通流流量。计算达到稳定后，对固体壁面，取不可渗透、无滑移及绝热壁面边界条件，使通过与固体边界重合的网格面的质量通量、动量通量及能量通量为0。每一个非定常计算都是在稳态计算充分收敛的基础上开始。

在下面的计算实例中，压气机进口条件为总温度300K，压力为总压，轴向进气，选用标准 $k - \varepsilon$ 模型，空气密度为 1.225kg/m^3，出口条件为质量流量，具体进出口条件如图 2-31、表 2-7 所示。

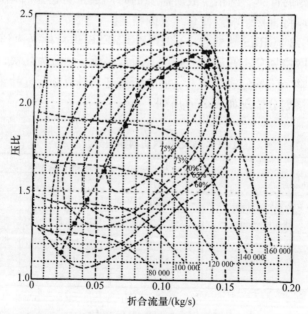

图 2-31　压气机特性图

62

表 2-7　边界条件

序号	转速/（r/min）	增压器进口		增压器岔口		压气机参数	
		压力/kPa	温度/℃	压力/kPa	温度/℃	压比	流量/（kg/s）
1	140000	-2.6	25.2	85	123.1	1.87001	0.070778
2	120000	-2.3	25.3	60	106.4	1.613497	0.055333
3	100000	-2.2	25.6	44	93.3	1.449438	0.042778
4	80000	-2.0	26.1	31	82.7	1.316650	0.032861

2.6.2　求解器设定

求解器的核心是确定离散求解方案。这些求解方案中包括有限差分、有限元、谱方法和有限体积法等。这些方法的求解过程包括以下步骤：

（1）利用简单函数来近似待求的流动变量。

（2）将该近似关系代入连续型的控制方程组中，形成离散的方程组。

（3）求解代数方程组。

涡轮增压器压气机定常流动的模拟求解器可选用基于压力和基于密度的求解器，其中基于压力的求解器把动量和压力（或压力修正）作为主要变量求解。它有两个运算法则：一是按顺序解算压力修正和动量方程；二是同时解算压力和动量方程。而基于密度的耦合求解器是以矢量形式同时求解连续性方程、动量方程和能量方程，如果需要还可以求解组分方程。此时，压力由状态方程求解，其他的参数方程用分离求解器求解。基于密度的求解器既能用于显式也能用于隐式求解方式。从上面可以看出，基于压力模式和基于密度模式的求解器的求解过程是一样的。

压气机非定常流动的模拟也可以选用基于压力和基于密度的求解器。只是要求解算在每个时间步内都迭代到收敛，然后进行到下一步；解的初始条件必须是真实的。相比之下，非迭代时间前进法求解速度更快。

对涡轮增压器压气机非定常流动的模拟，压力修正采用 SIMPLC 算法。为了克服假扩散，对流项采用具有三阶精度的 QUICK 格式离散，扩散源项采用二阶中心格式离散，时间项采用二阶隐式格式离散。

由于叶片在叶轮内沿圆周均布且认为转速恒定，所以叶轮流道和蜗壳之间的相对运动呈周期性关系，叶轮机械在计算中时间步长确定如下：

$$\Delta t = \left(\frac{0.1}{\omega K}\right) \sim \frac{1}{\omega K} \qquad (2-91)$$

式中：K 为非定常计算周期的赶时间步数，取 $K=20$；ω 为叶轮的角转速。

2.6.3 动静交界面选择及计算收敛结果判定

2.6.3.1 动静交界面选择

在进行流场计算时，动静交界面的处理是十分关键的。不同的交界面处理方法对计算效率和计算精度有直接的影响。近 20 多年来，国内外学者提出了一系列交界面处理方法，并在各种 CFD 商用软件中得到广泛应用。下面介绍其中的几种常用方法。

（1）Frozen rotor 冻结转子方法。冻结转子顾名思义就是让转子固定。该方法通过插值得到转子与静子之间的信息。该方法适用于定常计算，可以对非对称流动区域进行模拟，也可以用于轴流压气机和涡轮。优点是鲁棒性好，计算量相对小。缺点是计算结果与计算域相对位置有关。

（2）混合面法。对于一个转子和一个静子构成的两排叶片的模型，这个前后两排叶片共有的截面称为混合面。混合面法采用把上游出口和下游进口都假设成均匀流这种周向平均的方法进行叶排与叶排之间的数据传递，因而各个叶排的计算域只需要包含一个叶片通道，大大减少了计算量。该方法也适用于定常流计算。缺点是周向平均算法忽略了气流沿周向的不均匀性。

（3）滑移界面法考虑到流场是瞬态变化的，动叶区和静叶区随时间存在空间相对移动。滑移平面法把动叶区称作动网格区，动叶区和静叶区之间的数据传递在滑移界面处进行，并通过线性插值等算法获得流场信息。采用本方法处理动静交界面时必须满足周期性边界条件。本方法适用于非定常计算，缺点是当界面两侧网格大小相差悬殊时，计算误差大。

2.6.3.2 交界面选择策略

（1）交界面的位置通常在转动部件和静子部件的几何中心位置。

（2）动静交界面单元的纵横比在 0.1~10 之间。

（3）交界面存在于一个圆周时，该交界面必须在同一个圆上。

（4）同一坐标系下，交界面不重叠部分可当做 wall 来处理。

（5）交界面的中心部分尽可能远离 wall 边界。

（6）尽量避免回流/分流区域和交界面重叠。

如果交界面附近没有回流，则利用混合面方法可以取得理想的结果。但是，在刚开始计算的时候，原本没有回流的区域也可能出现回流，此时应用混合面模型可能无法获得收敛解。解决办法有两个，一个是在刚开始计算时，在交界面附近采用固定的边界条件，以便获得一个接近真实情况的初始流场；另一个是减小松弛因子，在计算稳定后，再逐步增大亚松弛因子。

2.6.3.3　收敛结果的判定

判断计算是否收敛，通常采用以下几个标准作为参考：

（1）全局残差下降三个量级以上。收敛准则最重要的一个参数是进出口流量，可设定进出口流量相对误差小于 0.5%，且流量不再发生变化。

（2）对于定常计算，所有的总体性能（效率、压比等）都应当变为恒定值，不再随迭代步数而变化。

（3）对于非定常计算，所有的总体性能（效率、压比等）都应出现规律性的周期性波动。

2.6.3.4　收敛技巧

（1）高速旋转的压气机，如果给定流量边界条件，可能出现"堵塞"，这种情况下，可把出口边界条件设为静压。

（2）模拟的工质是真实气体，遇到收敛困难的情况下，建议先选用理想气体。

（3）低马赫数情况下，指定一个 Blend factor 而不是采用默认的二阶格式，这是因为前者收敛快，并把 Blend factor 设为 0.75。

（4）开始计算时，可以采用比较容易收敛的边界和转速条件，随着计算的推进，再逐渐修改。

2.6.4　定常流场计算与分析

根据上述建立的压气机定常流场计算模型，进行压气机中叶片表面、无叶扩压器和蜗壳表面静压及速度矢量计算，并对计算结果进行分析，即可对压气机的改进方向提供技术支持。

某型号涡轮增压器在转速 130000r/min 条件下的叶片表面静压分布如图 2-32 所示，在转速 130000r/min 条件下的无叶扩压器和蜗壳表面速度矢量分布如图 2-33 所示。

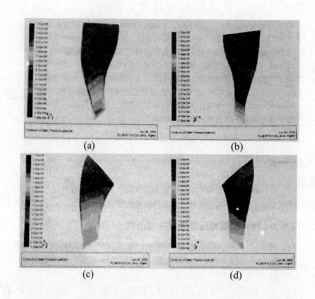

(a)   (b)

(c)   (d)

图 2-32　转速 130000r/min 条件下的叶片表面静压分布

（a）主叶片压力面静压分布；（b）主叶片吸力面静压分布；
（c）分流叶片压力面静压分布；（d）分流叶片吸力面静压分布。

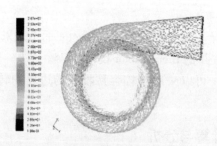

图 2-33　转速 130000r/min 条件下的无叶扩压器和
蜗壳表面速度矢量分布

第3章　涡轮增压器

　　涡轮增压器是增压系统柴油机中废气能量转化为进气压力能的关键部件，它主要由涡轮和压气机组成。发动机排出的废气经排气管进入涡轮，对涡轮做功，涡轮叶轮与压气机叶轮同轴，从而带动压气机吸入外界空气并压缩后送至发动机进气管。增压中冷发动机在压气机出口和发动机进气管入口之间增设中间冷却器（中冷器），使压缩后空气的温度降低、密度增大。

　　涡轮增压器通常由单级离心式压气机和单级涡轮两个主要部分以及轴承装置、润滑与冷却系统、密封与隔热装置等组成。由于压气机都是离心式的，则根据涡轮的结构分为轴流式涡轮增压器、径流式涡轮增压器和混流式涡轮增压器，图3-1和图3-2分别示出了径流式和轴流式涡轮增压器的典型结构。

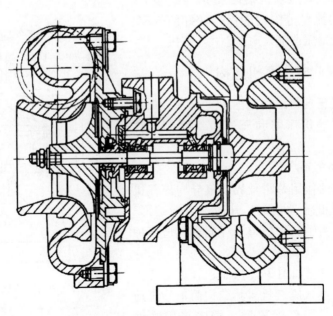

图3-1　径流式涡轮增压器结构（TO4B）

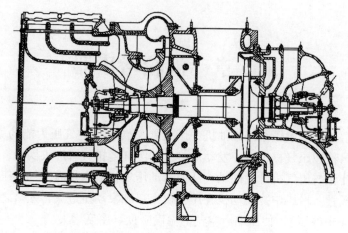

图 3-2 轴流式涡轮增压器结构（VTR631）

3.1 离心式压气机

由于离心式压气机结构紧凑、质量轻以及在较宽的流量范围内能保持较好的效率，因此，涡轮增压器都采用离心式压气机。

3.1.1 离心式压气机结构

离心式压气机结构如图 3-3 所示，由进气道、叶轮、扩压器和压气机蜗壳等部件组成。

3.1.1.1 进气道

进气道的作用是将外界空气导向压气机叶轮。为降低流动损失，其通道为渐缩形。进气道可分为轴向进气道和径向进气道两种基本形式。

轴向进气道如图 3-3 所示，气流沿转子轴向不转弯进入压气机，其结构简单、流动损失小。中、小型涡轮增压器多采用这种结构。

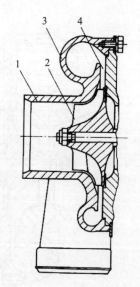

图 3-3 离心式压气机结构
1—进气道；2—压气机叶轮；
3—压气机蜗壳；4—扩压器。

68

径向进气道的气流开始是沿径向进入进气道，然后转为轴向进入压气机叶轮，其流动损失较大。一般仅在轴承外置的大型涡轮增压器或空气滤清器等装置的空间布置受限时，才采用这种形式。

3.1.1.2 压气机叶轮

压气机叶轮是压气机中唯一对空气做功的部件，它将涡轮提供的机械能转变为空气的压力能和动能。压气机叶轮分为导风轮和工作叶轮两部分，中、小型涡轮增压器两者做成一体，大型涡轮增压器则是将两者装配在一起。

导风轮是叶轮入口的轴向部分，叶片入口向旋转方向前倾，直径越大处前倾越多，其作用是使气流以尽量小的撞击进入叶轮。导风轮的结构及通道如图3-4所示。

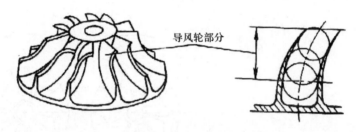

图 3-4　导风轮结构

根据叶轮轮盘的结构形式，压气机叶轮可分为开式、半开式、闭式、星形等形式，如图3-5所示。

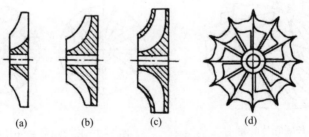

  (a)   (b)   (c)   (d)

图 3-5　压气机叶轮的结构形式
（a）开式；（b）半开式；（c）闭式；（d）星形。

开式叶轮没有轮盘，流动损失大，叶轮效率低，且叶片刚性差，易振动。闭式叶轮既有轮盘又有轮盖，流道封闭，流动损失小，叶轮效率高；但结构复杂，制造困难，且由于有轮盖，在叶轮高速旋转时离心力大，强度差。以上两种叶轮在涡轮增压器上都很少采用。

半开式叶轮只有轮盘，没有轮盖，其性能介于开式和闭式之间。但其结构较简单，制造方便，且强度和刚度都较高，在涡轮增压器中应用广泛。星形叶轮是在半开式叶轮的轮盘边缘叶片之间挖去一块，减轻了叶轮质量，从而减小了叶轮应力，并保持一定的刚度，因此能承受很高的转速，多在小型涡轮增压器中应用。

按叶片的长短，压气机叶轮还可分为全长叶片叶轮和长短叶片叶轮。全长叶片叶轮进口流动损失小，效率高，但对于小直径叶轮，进口处气流阻塞较为严重。因此，小型涡轮增压器中多采用长短叶片叶轮（图3-6）。

根据叶片沿径向的弯曲形式，压气机叶轮又可分为前弯叶片叶轮、后弯叶片叶轮和径向叶片叶轮等，如图3-7所示。

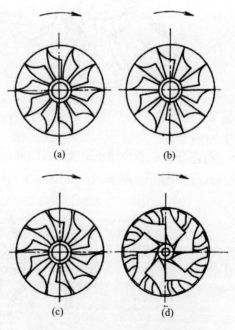

(a) (b)

(c) (d)

图3-6　长短叶片叶轮

图3-7　压气机叶轮叶片的形式
（a）前弯叶片叶轮；（b）径向叶片叶轮；
（c）后弯叶片叶轮；（d）后掠式叶轮。

前弯叶片叶轮的叶片沿径向向旋转方向弯曲。这种叶轮对空气的做功能力最大，但其做功主要是增加了空气的动能，对压力能却提高较少，这就要求空气的动能更多地要在扩压器和蜗壳中转化为压力能。因为扩压器和蜗壳的效率比叶轮低,因此压气机效率低,涡轮增压器中不采用这种叶轮。

径向叶片叶轮的叶片径向分布,不弯曲。这种叶轮的压气机效率比前弯叶片的高,比后弯叶片的低。由于其强度和刚度最好,能承受较高的圆周速度,从而在此前增压比较低的涡轮增压器中得到较多应用。

后弯叶片叶轮的叶片逆旋转方向弯曲。虽然它的做功能力小,但空气压力的提高大部分是在叶轮中完成的。这种叶轮由于压气机效率高,应用也较多。

前倾后弯式叶轮(也称后掠式叶轮),其叶片沿径向后弯的同时还向旋转方向前倾。这种叶轮不仅压气机效率高,而且高效率范围宽广,近年来在车用柴油机涡轮增压器上受到了重视和应用。

3.1.1.3 扩压器

扩压器的作用是将压气机叶轮出口高速空气的动能转变为压力能。扩压器的效率是动能实际转化为压力能的转化量和没有任何流动损失的等熵过程动能转化为压力能的转化量之比,扩压器效率对压气机效率有重要的影响。按扩压器中有无叶片,可分为无叶扩压器和叶片扩压器。

无叶扩压器是一环形通道。气流在扩压器中近似沿对数螺旋线的轨迹流动,即气流流动迹线在任意直径处与切向的夹角基本不变。由于这一特点,气流的流动路线长,流动损失大,效率低,扩压器出口流通面积小,扩压能力低,在同样的扩压能力下,扩压器出口直径较大。但无叶扩压器流量范围宽,结构简单,制造方便,在经常处于变工况运行的小型涡轮增压器上得到广泛应用。

叶片扩压器是在环形通道上加有若干导向叶片,使气流沿叶片通道流动。由于气流的流动路线短,流动损失小,故效率高。且叶片构造角沿径向增大,使气流的流通面积迅速增大,因此扩压能力大,尺寸小。但当流量偏离设计工况,叶片入口气流角不等于叶片构造角时,将产生撞击损失,使效率急剧下降。在工况范围变化不大的大、中型涡轮增压器上,常采用无叶扩压器和叶片扩压器的组合形式。气流先经过无叶扩压器,再进入叶片扩压器,气流的动能主要在叶片扩压器中转变为压力能。叶片扩压器叶片的形式较多,图3-8示出了常用的三种。其中,平板形叶片和圆弧形叶片两种扩压器制造简单,但性能较差,在增压比较低、系列化生产的涡轮增压器中应用较多;机翼形叶片扩压器流动损失最小,压气机变工况性能相对较好,但制造较为复杂,多在增压比要求较高的涡轮增压器中被采用,近年来有应用越来越多的趋势。

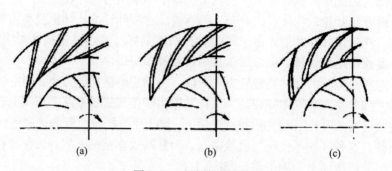

图 3-8　叶片扩压器形式

（a）平板形叶片；（b）圆弧形叶片；（c）机翼形叶片。

3.1.1.4　压气机蜗壳

压气机蜗壳的作用是收集从扩压器出来的空气，将其引导到发动机的进气管。由于扩压器出来的空气仍有较大的速度，在蜗壳中还将进一步把动能转化为压力能，因此，压气机蜗壳也有一定的扩压作用。蜗壳效率是动能转化为压力能的实际转化量和定熵转化量之比。

压气机蜗壳按流道沿圆周变化与否，可分为变截面蜗壳和等截面蜗壳，如图 3-9 所示。

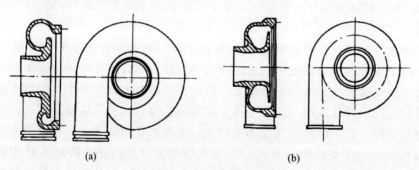

图 3-9　离心式压气机蜗壳

（a）变截面蜗壳；（b）等截面蜗壳。

变截面蜗壳的截面面积沿周向越接近出口越大，符合越接近出口收集的空气越多这一规律。因此，流动损失小，效率较高。变截面涡壳的最大优点是外形尺寸小，对涡轮增压器尺寸的小型化非常有利，因而被广泛应用。

等截面蜗壳的流道截面沿周向是不变的，截面积按压气机的最大流量确定。其流动损失大，效率低，故用得较少。

蜗壳截面的形状有圆形、扇形、梯形和梨形等几种形式（图3-10）。根据发动机的需要，蜗壳可有单个或多个出口（图3-11）。

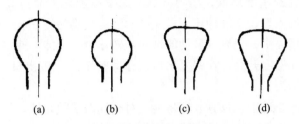

图3-10　压气机蜗壳的截面形状

（a）梨形；（b）圆形；（c）梯形；（d）扇形。

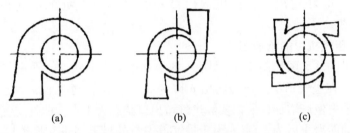

图3-11　压气机蜗壳出口形式

（a）单出口；（b）双出口；（c）4个出口。

3.1.2　离心式压气机的工作原理

3.1.2.1　压气机中空气状态的变化

空气流经压气机通道时，压力p、速度c和温度T的变化趋势如图3-12所示。

在进气道入口，空气从环境状态进入，压力、速度、温度分别为p_a、C_a、T_a。由于进气道是渐缩形的通道，少部分压力能转化为动能。因此，在进气道中，空气的压力略有降低，速度略有升高。由于压力降低，温度随之降低。在进气道出口，亦即叶轮入口，空气的压力、速度、温度分别为p_1、c_1、T_1。

在压气机叶轮中，叶轮对空气做了功，使空气的压力、温度和速度都升高。在叶轮出口，

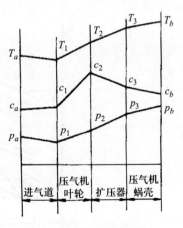

图3-12　压气机通道中
气体状态的变化

73

亦即扩压器入口，空气的压力、速度、温度分别为 p_2、c_2、T_2。

在扩压器中，由于扩压器流通面积渐扩，使气体的部分动能转化为压力能。因此，空气的速度降低，压力升高，温度亦随压力而升高。在扩压器出口，亦即蜗壳的入口，空气的压力、速度、温度分别为 p_3、c_3、T_3。

在压气机蜗壳中，仍有部分动能进一步转化为压力能，使空气的速度进一步降低，压力和温度升高。在蜗壳出口，亦即整个压气机出口，空气的压力、速度、温度分别为 p_b、c_b、T_b。

在压气机的通道中，只有叶轮是唯一对空气做功的元件，其他部位都不对空气做功，而只进行动能和压力能之间的相互转化。如不计与外界热和质的交换，进气道出口空气的总能量应与环境状态空气的总能量相等，此处空气的滞止温度应为环境温度；而扩压器中和蜗壳中空气的总能量亦应与叶轮出口的总能量相等，即叶轮出口、扩压器出口和蜗壳出口三处的滞止温度相等，$T_2^* = T_3^* = T_b^*$。

3.1.2.2 压气机中的焓熵图

压气机的焓熵图如图 3-13 所示。图中 a 点为环境状态，即进气道入口的滞止状态。在进气道中，压力将由 p_a 降为 p_1 而转化为动能增加。由于进气道内有流动损失使熵增加，所以实际进气道出口状态为 1 点。此处空气具有动能 $c_1^2/2$，将动能滞止后为 1^* 点。由于进气道中与外界无能量交换，1^* 点的焓值与 1 点相同。由于有流动损失使熵增加的缘故，进气道出口的滞止压力 p_1^* 低于进气道入口的滞止压力 p_a。

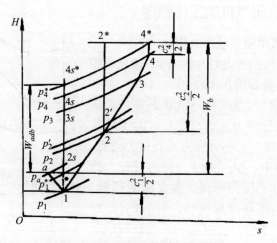

图 3-13　气体压缩过程的焓熵图

74

在压气机叶轮中，叶轮对气体做功，使气体的压力由 p_1 增加到 p_2。若为没有任何损失的等熵过程，叶轮出口状态应为 $2s$ 点，将此处的动能滞止后处于 $4s^*$ 点，$4s^*$ 点和 1^* 点的焓值之差 W_{adb} 即为等熵过程压气机的等熵压缩功。但实际过程有流动损失使熵增加，实际叶轮出口状态为 2 点，滞止状态为 2^* 点，此时具有动能 $c_2^2/2$ 点，2^* 点和 1^* 点的焓值之差 W_b 即为实际过程的压气机等熵压缩功。可见，压缩至同样的压力，等熵过程耗功最少。

如整个压气机中的流通过程为等熵过程，则在扩压器中气体状态从 $2s$ 点变到 $3s$ 点，在蜗壳中从 $3s$ 点变到 $4s$ 点，在此期间任何位置滞止后都是 $4s^*$ 点。对于实际过程，由于存在熵增，气体状态从叶轮出口的 2 点到扩压器出口为 3 点，此时还有动能 $c_3^2/2$，到蜗壳出口为 4 点，还剩动能 $c_4^2/2$。将这部分动能滞止后为 4^* 点。由于这期间不对气体做功，因此不计与外界的热交换时，2、3、4 各点的滞止焓相等，$H_2^* = H_3^* = H_4^*$。4 点就是压气机的实际出口状态，p_4 就是压气机的出口压力 p_b，p_4^* 就是压气机出口的滞止压力 p_b^*。

由能量守恒定律，压气机对单位质量空气的做功等于空气滞止焓的增加量。

压气机实际耗功为

$$W_b = H_2^* - H_1^* = c_p(T_2^* - T_1^*) = \frac{kRT_1^*}{k-1}\left(\frac{T_2^*}{T_1^*} - 1\right) \tag{3-1}$$

压气机等熵耗功为

$$W_{adb} = H_{2s}^* - H_1^* = c_p(T_{2s}^* - H_1^*) = \frac{kRT_1^*}{k-1}\left[\left(\frac{p_b^*}{p_1^*}\right)^{\frac{k-1}{k}} - 1\right] \tag{3-2}$$

3.1.2.3 压气机的主要性能参数

压气机的主要性能参数有增压比 π_b，空气流量 q_{mb}，等熵效率 η_{adb} 及转速 n_b 等，用这些参数及其相互关系可以表示压气机的性能。

（1）增压比 π_b：压气机出口和进口的气体压力之比。

$$\pi_b = \frac{p_b}{p_1} \tag{3-3}$$

$$\pi_b^* = \frac{p_b^*}{p_1^*} \tag{3-4}$$

（2）空气流量 q_{mb}：压气机的空气流量是单位时间内流经压气机的空气质量，单位是 kg/s。

当压气机工作的环境状态不同于标准大气状态时，其空气流量也会不同。为了具有可比性，常用相似流量或折合流量代替。

相似流量是以马赫数作为相似准则推导出的无量纲流量，用 $q_{mb}\sqrt{T_1^*}/p_1^*$ 计算。其中，q_{mb} 为实际空气流量，p_1^*、T_1^* 为实际叶轮进口滞止状态的压力和温度。

折合流量是将非标准大气状态下的流量折合成标准大气状态下的流量，即

$$q_{mbnp} = q_{mb}\frac{[p_a]}{p_1^*}\sqrt{\frac{T_1^*}{[T_a]}} \qquad (3-5)$$

式中：q_{mbnp} 为折合流量；$[p_a]$、$[T_a]$ 为标准大气状态下的压力和温度，$[p_a]=1.013\times10^5\text{Pa}$，$[T_a]=293\text{K}$；$p_1^*$ 和 T_1^* 实用中常用环境压力 p_a 和环境温度 T_a 代替。

（3）压气机的等熵效率：压气机等熵效率（简称压气机效率）是压气机的重要性能指标，表明压气机设计与制造的完善程度。压气机等熵效率是指将气体压缩到一定增压比时，压气机的等熵耗功和实际耗功之比，即

$$\eta_{adb} = \frac{W_{adb}}{W_b} = \frac{\pi_b^{*\frac{k-1}{k}} - 1}{\dfrac{T_b^*}{T_1^*}} \qquad (3-6)$$

（4）压气机转速 n_b：压气机工作时叶轮每分钟的转数称为压气机转速，单位是 r/min。由于压气机与涡轮同轴，故压气机转速也是涡轮转速，统称涡轮增压器转速。在同样的做功能力下，压气机转速越高，叶轮的尺寸可越小，有利于缩小涡轮增压器的结构尺寸和减轻质量。

为了不同环境状态下的通用性，通常也用相似转速或折合转速代替。相似转速用 $n_b/\sqrt{T_1^*}$ 计算求得，折合转速则为 $n_{bnp} = n_b \times \sqrt{[T_a]/T_1^*}$，其中，$n_b$ 为压气机实际转速。

增压比和等熵效率由于本身就是无量纲量，可以作为相似参数，因此不进行换算。

3.1.3 离心式压气机的特性

3.1.3.1 压气机的特性曲线

压气机在工作中，其主要性能参数将随着压气机运行工况的变动而变化。压气机的主要性能参数在各种工况下的相互关系曲线称作压气机的特性曲线。通常所说压气机的特性曲线是指在不同的转速下，增压比和等熵效率随流量的变化关系，即流量特性。它包括效率特性和增压比特性，如图 3-14 所示。为了特性曲线在不同环境条件下的通用性，转速和流量应换算为相似参数或折合参数。

由图 3-14 可见，在转速保持一定的情况下，有如下特点：

（1）在某一流量下，增压比和效率有一最大值时，随流量的增大或减小，增压比和效率都降低。

（2）当流量减小到某一数值时，压气机出现不稳定流动状态。压气机中气流发生强烈的低频脉动，引起叶片的振动，并产生很大的噪声，这种现象称为压气机的喘振。每一转速下都有一个喘振点，在效率特性上各喘振点的连线称作喘振线，喘振线以左的区域为喘振区。压气机不允许工作在喘振区。

（3）当流量增大到某一数值时，增压比和效率均急速下降。换言之，即使以增压比和效率下降很多作为代价，流量也难以增加，这个现象称为压气机的阻塞。产生阻塞的原因，是在压气机

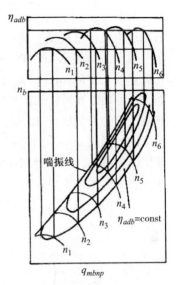

图 3-14 压气机的性能曲线及其绘制方法

叶轮入口或扩压器入口这种局部喉口截面处，气流的速度达到了当地声速，从而限制流量的增加。由于阻塞点难以严格界定，通常人为地规定，当效率降低到 η_{adb} = 55% 时，就认为出现了阻塞。

在实际应用中，为了使用的方便，往往将增压比特性线与效率特性线画在同一张图上，其绘制方法如图 3-14 所示。首先以效率 η_{adb} 的某一数值在效率特性线上画一平行于横坐标的线，然后找出该线与各转速的效率特性线的交点，并自各点做平行于纵坐标的线，连接各线与对应转速的增压比曲线的交点，绘出等效率线。依据不同的效率值可作出不同的等效率线。这样，就把增压比、效率、转速、流量 4 个参数之间的关系画在了一张图上，可以完整地表达压气机的特性，统称为压气机的特性曲线。等效率线类似鸭蛋形状，最内圈的中心部分是压气机的高效率区，η_{adb} = 55% 的等效率线被称为"阻塞"线。压气机特性曲线反映了压气机的性能以及适合匹配什么样的柴油机。

3.1.3.2 压气机产生喘振的原因

压气机产生喘振是由于压气机在某一小流量下工作时，在导风轮入口或叶片扩压器入口气流撞击叶片，在叶片通道内产生并加剧了气流的分离而引起的。当叶轮或叶片扩压器通道内产生强烈的气流分离时，使压气机内的压力低于后面管道内的压力，因此发生气流由管道向压气机倒灌。倒灌发生后，管道内压力下降，气流又在叶轮的作用下正向流动，管道内压力升高，再次发生倒

灌。如此反复，压气机内的气流产生强烈的脉动，使叶片振动、噪声加剧、管道内压力大幅度波动，此时即产生所谓喘振。

（1）导风轮入口。在一定转速下，当流量为设计流量时，导风轮入口的气流速度三角形如图3-15（a）所示。图中画出了导风轮任一半径处的轴向剖面，u_1为该处导风轮的圆周线速度，即气流流入的牵连速度；c_{1a}为气流的绝对速度，它与流量成正比；w_1为气流流入导风轮的相对速度。u_1、c_{1a}、w_1这三个速度的矢量构成一个封闭的速度三角形，即绝对速度矢量等于相对速度和牵连速度的矢量和。根据绝对速度和牵连速度，可以确定气流流入导风轮时的相对速度。当流量等于设计流量时，相对速度的气流角（w_1和u_1的火角）等于叶片入口的构造角（入口处叶片与u_1的夹角），气流顺叶片流入，没有撞击，不产生气流的分离。

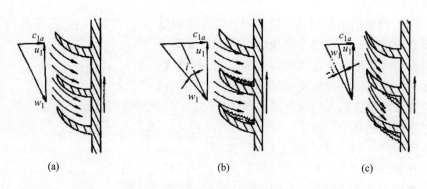

图3-15　导风轮入口速度三角形
（a）设计流量；（b）大于设计流量；（c）小于设计流量。

当流量大于设计流量时，c_{1a}增大，由于转速不变从而u_1不变，使相对速度w_1的气流角大于叶片入口构造角，如图3-15（b）所示。此时，气流撞击叶片的背部，在叶片的腹部产生气流的分离。由于叶片旋转，腹部为迎风面，使分离被压服在较小的区域不扩散，故不会发生喘振。

当流量小于设计流量时，c_{1a}减小，在转速不变的前提下，相对速度w_1的气流角小于叶片入口构造角，如图3-15（c）所示。此时，气流撞击叶片的腹部，在叶片的背部产生气流的分离。由于叶片背部是背风面，在以后的叶片通道中分离被扩散。当流量减小到一定程度就会使分离加剧，从而发生喘振。

（2）叶片扩压器入口。图3-16是在转速一定时，气流从叶轮流出后以绝对速度流入叶片扩压器的情况。图中c_2为叶轮出口亦即叶片扩压器入口气流的绝对速度，c_{2r}和c_{2u}分别是其径向和切向的分速度。c_{2r}与流量成正比，而c_{2u}

与叶轮圆周线速度 u_2 成正比。对于径向叶轮，$C_{2u}=\mu u_2$，当转速不变时，C_{2u} 不变。

当流量等于设计流量时（图 3-16（a）），气流绝对速度的气流角（C_2 与 u_2 的夹角）等于叶片入口的构造角（入口处叶片与 u_2 的夹角），气流顺叶片流入，没有撞击，不产生气流的分离。

当流量大于设计流量时（图 3-16（b）），气流绝对速度的气流角大于叶片入口的构造角。气流撞击叶片的内部，在叶片的外部产生气流的分离。由于气流在扩压器通道内的流动有沿对数螺旋线流动的趋势，使扩压器叶片的外部成为迎风面，内部成为背风面。由于是在迎风而产生气流的分离，因此分离被压缩在较小区域，不喘振。

当流量小于设计流量时（图 3-16（c）），气流绝对速度的气流角小于叶片入口的构造角。气流撞击叶片的外部，在叶片的内部产生气流的分离。内部为背风面，由于是在背风面产生气流的分离，因此在叶片扩压器通道内分离被扩散。当流量减小到一定程度使分离加剧，此时发生喘振。

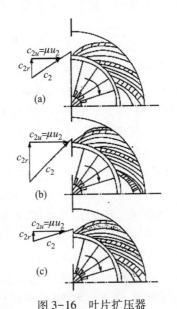

图 3-16　叶片扩压器
入口速度三角形
（a）设计流量；（b）大于设计流量；
（c）小于设计流量。

由以上分析可见，压气机喘振是在导风轮入口或叶片扩压器入口引起。用无叶扩压器的压气机，只在导风轮入口引起喘振；而用叶片扩压器的压气机，两处都可能引起喘振。在一定的转速下，流量越小越易产生喘振。由同样的分析可知，当流量一定时，转速越高越易产生喘振。

3.1.3.3 压气机性能曲线形状的成因

增压比和等熵效率随流量变化的特性，主要是空气在压缩过程中存在的各种损失所造成的。为方便起见，以轴向进气的径向叶片压气机为例进行分析。根据欧拉动量矩方程，压气机对单位质量流量所消耗的功等于叶轮进、出口空气动量矩的增加量，即

$$W_b = u(c_{2u}^2 - c_{1u}^2)$$

式中：c_{2u} 为叶轮出口空气绝对速度的切向分速度，径向叶片等熵过程下，$c_{2u}=u_2$；c_{1u} 为导风轮入口空气绝对速度的切向分速度，轴向进气时，$c_{1u}=0$；在

79

压气机结构尺寸一定时，u 为常数。

因此，对于轴向进气的径向叶片压气机，在没有任何损失的等熵过程，在转速不变的前提下，u_2 不变，压气机耗功为一常数，定熵压缩功为

$$W_b = \frac{kRT_1^*}{k-1}[\pi_b^{*\frac{k-1}{k}} - 1] \qquad (3-7)$$

可见，当进口状态不变时，增压比也为一常数而与流量无关。根据等熵效率的定义，此时等熵效率 $\eta_{adb} = 1$。因此，等熵过程的增压比特性和效率特性均呈水平线，如图 3-17 中的 a-a。

但在实际中，必然需要一部分功来克服各种损失。压气机在变工况下工作时，其流动损失可分为摩擦损失和撞击损失两类。摩擦损失包括气流与压气机各通道壁面的摩擦、气体微团之间的相互摩擦以及气流超声速时的波阻等损失。这些损失都与气体的流速有关，在转速一定的前提下，流量越大流速越大，则摩擦损失越大，增压比和效率越低，增压比特性曲线和效率特性曲线应降为图 3-17 中的 b-b 线。撞击损失与气流进入叶片入口处的方向有关，由前面分析喘振时对导风轮入口和叶片扩压器入口流动情况的分析可知，当气流的流入角与叶片入口构造角不

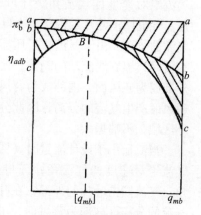

图 3-17　压气机性能
曲线形状的成因

一致时，将会撞击叶片的某一面，而在另一面产生气流的分离，这种分离带来的附加损失称为撞击损失。当压气机在设计流量下工作时，由于气流的流入角与叶片入口构造角一致，此时无撞击损失。当压气机的流量大于或小于设计流量时，都会产生撞击损失，偏离设计流量越多，撞击损失越大，使增压比特性曲线和效率特性曲线进一步降低为图中的 c-c 曲线。以上分析解释了在一定转速下，增压比和效率随流量变化趋势的成因。

3.2　涡轮

涡轮增压器中涡轮的工作过程与压气机相反，它是把发动机排出的废气的能量转化为机械功来驱动压气机叶轮的一种原动机。涡轮增压器的性能，在很大程度上取决于涡轮的性能。

3.2.1 涡轮的分类

3.2.1.1 按气体在涡轮中的流动方向分类

在涡轮增压器所使用的涡轮中，按燃气流过涡轮叶轮的流动方向，可以分为轴流式涡轮、径流式向心涡轮和混流式涡轮，如图 3-18 所示。

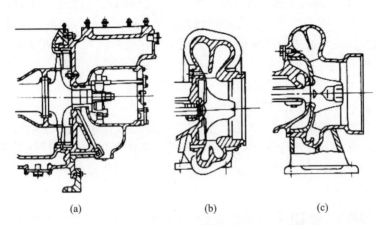

(a)　　　　　　　　(b)　　　　　　　　(c)

图 3-18　按气流在涡轮中的流动方向分类
（a）轴流式涡轮；（b）径流式向心涡轮；（c）混流式涡轮。

（1）轴流式涡轮。燃气沿近似与叶轮轴平行的方向流过涡轮。一列与外壳相联的喷嘴环（也称定子）和一列与轴相联的工作叶轮（也称转子）构成涡轮的一个级。轴流式涡轮体积大，流量范围宽，在大流量范围中具有较高的效率，因此，在大型涡轮增压器上普遍被采用。由于涡轮增压器中涡轮的膨胀比较小，一般多采用单级涡轮。

（2）径流式向心涡轮。燃气的流动方向是近似沿径向由叶轮轮缘向中心流动，在叶轮出口处转为轴向流出。径流式向心涡轮有较大的单级膨胀比，因此结构紧凑、质量轻、体积小，在小流量范围涡轮效率较高，且叶轮强度好，能承受很高的转速，在中、小型涡轮增压器上应用广泛。

（3）混流式涡轮。燃气沿与涡轮轴倾斜的锥形面流过叶轮。这种涡轮的性能特点介于轴流式涡轮和径流式向心涡轮之间，与径流式向心涡轮相比，径向尺寸较小但轴向尺寸较大，其通流能力和效率明显提高。为适应小型大容量高增压比的要求，在大型径流式涡轮增压器领域，混流式涡轮增压器的应用越来越多。近年来，为追求高增压比以满足排气净化的要求，这种形式的增压器在一些中、小型车用涡轮增压器上也有应用。混流式涡轮也可认为是径流式向心涡轮的一种改进形式，其结构形式和工作原理与径流式向心涡轮相同，本书不再单独论述。

3.2.1.2 按燃气在涡轮中焓降的分配分类

按燃气在涡轮中能量转化的分配和方式，可以分为冲击式涡轮和反力式涡轮。

（1）冲击式涡轮也称冲动式涡轮。燃气用以做功的能量（压力和温度）在进入工作叶轮前的喷嘴中已全部转化为动能，完全靠燃气动能在工作叶片通道中转弯产生的离心力对叶轮的冲击力矩推动涡轮叶轮做功。在工作叶轮中，燃气不再膨胀，叶轮前后的气体压力不变，叶轮中的焓降为零。

（2）反动式涡轮，也称反力式或反作用式涡轮。燃气的能量有一部分在喷嘴中膨胀转化为动能，利用冲击力矩做功；另一部分在工作叶轮通道中继续膨胀，转化为动能的同时依靠气流与叶片相对速度增加所产生的反作用力推动涡轮做功。这种涡轮由于气流速度低，且叶片弯曲程度小，因而流动损失小，涡轮效率高，在涡轮增压器中得到广泛应用。在高增压比的涡轮增压器中，都采用反动式涡轮。

3.2.2 涡轮的结构

涡轮主要由进气壳、喷嘴环、工作叶轮和排气壳等部件组成。

进气壳（也称蜗壳）的作用，是把发动机排出的具有一定能量的废气，以尽量小的流动损失和尽量均匀的分布引导到涡轮喷嘴环的入口。进气壳的效率是指在进气壳进气状态和膨胀比一定的条件下，压力能转化为动能的实际转化量与定熵转化量之比。

喷嘴环又称导向器，流通截面呈渐缩形，其作用是使具有一定压力和温度的燃气膨胀加速并按规定的方向进入工作叶轮。喷嘴环效率的定义与进气壳相同，即在进气状态和膨胀比一定的条件下，压力能转化为动能的实际转化量与定熵转化量之比。

工作叶轮（简称叶轮）是唯一承受气体做功的元件，它与压气机叶轮同轴，把气体的动能转化为机械功向压气机输出。叶轮的效率是在叶轮进气状态和膨胀比一定的条件下，气体对叶轮的实际做功与等熵过程对叶轮做功之比。

排气壳收集叶轮排出的废气并送入大气。为了降低叶轮的背压，使气体在叶轮中充分膨胀做功，排气壳是一个渐扩形的管道。

3.2.2.1 轴流式涡轮的结构

涡轮进气壳按进气方向可分为轴向进气、径向进气和切向进气三种，以切向进气为多。进气道渐缩，有一定的加速作用。对于径向进气和切向进气，多

82

采用变截面通道，即沿周向渐缩，以使进气均匀。根据不同柴油机的需要，进气壳有单进口和多进口之分，如图 3-19 所示。多进口进气壳各通道之间有隔墙，按均分的弧段各自进气。有的进气壳设有轴承支承和润滑油腔，还有的带有冷却水夹层。涡轮进气有涡轮前部进气，也有涡轮后部进气。为了避免对压气机端过分的加热，大多采用涡轮前部进气。

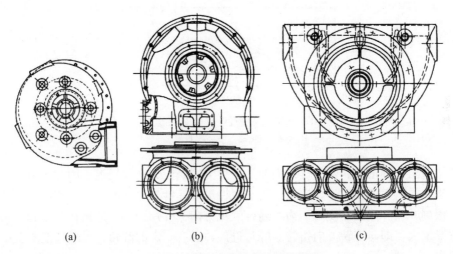

图 3-19　轴流式涡轮壳的结构形式
（a）单进口；（b）二进口；（c）四进口。

　　喷嘴环是由一排固定的叶片形成的一组渐缩形的通道。喷嘴环叶片安装角入口处近似于轴向，以顺应气流的流入，然后向叶轮旋转方向倾斜，形成渐缩形通道的同时使气流按规定的方向流出。喷嘴环叶片截面的形状通常采用机翼形和平板形，如图 3-20 所示。机翼形的流动损失小但制造复杂。喷嘴环按其制造方式分为整体式和装配式。装配式喷嘴环叶片逐个单独加工，然后安装在内、外圈上。这种喷嘴环叶片的叶形可以做得比较复杂，安装精度也易于保证，并可调整喷嘴环面积，为试配新机型带来方便。但由于加工、装配复杂，制造周期长，因此在已定型的、批量生产的涡轮增压器中多采用铸造整体式喷嘴环。

　　涡轮叶轮是由装在轴上的轮盘和装在轮盘周缘的一排叶片组成，如图3-21 所示。轮盘以焊接或与轴过盈配合，再用螺栓紧固的方式装在轴上。叶片与轮盘通常采用不可拆卸的方式，即叶根焊接在轮盘上。对于少数大型涡轮增压器，也有采用可拆卸的枞树形榫头镶嵌在轮缘榫槽内的联接方式。叶片的断面多呈机翼形。为了充分利用气体动能，叶片的入口和出口都有逆旋转方向

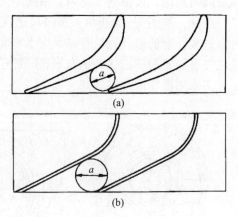

图 3-20　喷嘴环叶片截面的形状

(a) 机翼形；(b) 平板形。

的构造角。冲击式涡轮为等截面通道，反力式涡轮为渐缩通道，因此反力式涡轮出口构造角小于入口构造角。为了保持沿叶高叶片各断面强度基本相等，从叶根到叶顶叶片逐渐变薄。为了迎合气流方向，叶片进口构造角从叶根到叶顶逐渐增大，即向旋转方向扭转。叶片进气边具有一定的圆角，以适应变工况的要求。

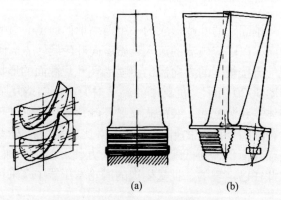

图 3-21　涡轮工作叶轮的结构形式

(a) 叶片结构；(b) 叶根结构。

对于从涡轮前部进气的涡轮，排气壳设置在涡轮增压器中间体上；对于从后部进气的涡轮，排气壳则设置在前部。通常排气壳内有一段扩压环，扩压环的作用是导流和回收从动叶出口的部分余速。它的通道是渐扩的，废气通过时速度下降，压力升高。因此，安装扩压环后，动叶后的废气背压甚至可能低于大气压力，这就扩大了涡轮级的膨胀比，从而提高了涡轮的做功能力。

3.2.2.2 径流式向心涡轮的结构

径流式向心涡轮在形状上很像离心式压气机，但气流的流动方向与压气机相反，在一定程度上可以把径流式向心涡轮的工作过程看成离心式压气机的逆过程。

径流式向心涡轮的进气壳，一般与排气壳连在一起。进气道设置在喷嘴环径向的周围，离进口越远，流通截面越小，以使流量沿圆周均匀地分布，如图3-22所示。由于切向进气流动损失小，因此多采用切向进气形式。按通道数可分为单通道、双通道和三通道三种。常压增压使用单通道，脉冲增压多用双通道或三通道，但以双通道为多。双通道又有360°全周进气和180°分隔进气两种。180°分隔开的双通道进气是一种传统的结构形式，但这种结构使涡轮叶轮始终处于半周进气的不均匀状态，影响了涡轮效率。因此，近来年360°全周进气使用较为普遍。进气道的截面形状如同压气机蜗壳，也分为圆形、梨形、矩形、梯形等形状，梨形蜗壳径向尺寸较大，但效率高，在小型涡轮增压器上应用较多。

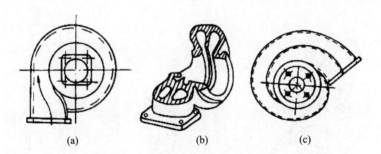

(a)　　　　　　　　(b)　　　　　　　　(c)

图3-22　径流式涡轮蜗壳的结构形式

（a）单通道进气；（b）双通道360°全周进气；（c）双通道180°分隔进气。

为了减小气体的余速损失，提高涡轮效率，涡轮排气壳为一扩压段。扩压段的形状与尺寸由叶轮出口的叶轮直径和轮毂直径决定，扩张角一般为8°~10°。

径流式向心涡轮的喷嘴环，根据有无喷嘴叶片分为无叶喷嘴环和有叶喷嘴环。

无叶喷嘴环与涡轮壳做成一体，构成无叶蜗壳。无叶蜗壳的径向截面向喷嘴出口逐渐缩小，而喷嘴入口则没有明确的界限（图 3-23）。它不仅担负着一般蜗壳的功能，同时还起着喷嘴环的作用。无叶蜗壳的特点是尺寸小，质量轻，结构单一，成本低，在变工况工作时效率变化比较平坦，但最高效率低一些。因此，无叶蜗壳用于经常处于变工况条件下工作的车用涡轮增压器中更为适宜。但无叶蜗壳匹配不同的发动机时，要用不同通道尺寸的蜗壳，与有叶喷嘴只需更换喷嘴环甚至只更换喷嘴叶片相比，其适用范围较小。

有叶喷嘴环由喷嘴叶片和环形底板形成径向收敛的通道，如图 3-24 所示。结构形式有整体铸造式和装配式两种。整体铸造式制造方便，成本低，工作可靠；装配式通过不同的安装角可适应不同流量和功率的发动机的需要，局部损坏时可单独更换叶片，但其零件数目多，加工及装配费工时。采用有叶喷嘴只需更换喷嘴就可得到适应不同发动机要求的变型产品，有利于涡轮增压器的系列化。

径流式向心涡轮的叶轮，一般都是半开式结构。为了提高涡轮增压器在发动机变工况时的响应性，要求转子部件的转动惯量尽量小。因此，小型涡轮增压器中，通常采用开式叶轮。开式叶轮还可减少叶轮轮盘的离心应力，对叶轮轮盘的强度有利。但开式叶轮的自振频率较低，这对叶片的强度和刚度极为不利。因此，在开式叶轮中，在叶片进口沿轴向取一较大的后弯角，并沿径向设计成等强度截面，即直径越小处叶片越厚。

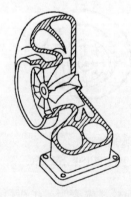

图 3-23　无叶蜗壳的结构

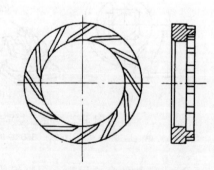

图 3-24　有叶喷嘴环结构

涡轮叶片的叶型目前大多采用抛物线叶型，因为抛物线叶型气动性能好，效率较高。

由于叶轮的叶型复杂，材料又是高镍耐热合金，机械加工很困难，因此都采用精密铸造成型。大尺寸叶轮铸件的质量难保证，另外叶轮的气流通道较长，造成叶片与轮盘间存在较大的热应力，而且尺寸越大热应力越高。这些也是径流式向心涡轮只限于在小型涡轮增压器中采用的原因之一。

实际生产的涡轮增压器中，涡轮叶轮直径小于160mm时，全部采用径流式涡轮；超过300mm时，多采用轴流式涡轮，在上述尺寸之间时，两种涡轮都可以采用。

3.2.3　涡轮的工作原理

在涡轮蜗壳入口即发动机排气管出口，气体具有较高的压力、温度和一定的速度。由于进气壳有一定的膨胀、加速作用，而在喷嘴中又有相当多的压力能转化为动能，因此在蜗壳和喷嘴中，气体的压力和温度降低，速度迅速升高，到喷嘴出口时，气体的速度达到最高。在叶轮中，气体的动能转化为叶轮的机械功，使速度大幅度降低。对于反力式涡轮，仍有部分压力能边转化为动能边对叶轮做功，使压力和温度进一步降低。对于冲击式涡轮，由于气体的膨胀已在喷嘴中基本完成，因而在叶轮中压力和温度则降低很少，从叶轮出来的气体通过排气壳后排入大气。

3.2.3.1　涡轮叶轮进、出口的速度三角形

图3-25示出了等流量平均直径处轴流式涡轮喷嘴叶片和转子叶片的剖面及叶轮进、出口的速度三角形。

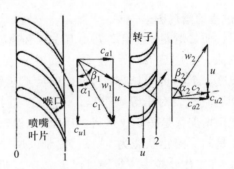

图3-25　轴流式涡轮速度三角形

在叶轮入口，u 为叶轮的旋转线速度，即气体的牵连速度，c_1 为气体由喷嘴流出的绝对速度，α_1 为绝对速度的气流角（即 c_1 与 u 方向的夹角）；w_1 为气体流入叶轮时的相对速度，β_1 为相对速度的气流角（即 w_1 与 u 方向的夹角）。可见，三个速度的矢量构成一个速度三角形。根据 u 和 c_1 的大小与方向，可以确定气体流入叶轮时的速度及方向。

叶轮出口与叶轮入口是在同一直径处，牵连速度仍为 u，即 $u_1 = u_2 = u$；w_2

为气体由叶轮流出时的相对速度，β_2 为相对速度的气流角（w_2 和 u 反方向的夹角）；c_2 为气体的绝对速度，α_2 为绝对速度的气流角（c_2 与 u 反方向的夹角）。

图 3-26 是径流式涡轮叶轮进、出口的速度三角形。图中，u_1 为叶轮入口的轮周线速度，u_2 为叶轮出口等流量平均半径处的线速度，其他符号的含义与轴流式涡轮相同。

两种涡轮的速度三角形都可简化绘制成如图 3-27 所示的形式。

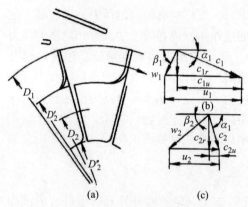

图 3-26　径流式涡轮速度三角形

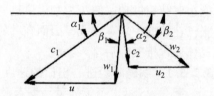

图 3-27　速度三角形的简化形式

3.2.3.2　涡轮工作过程的焓熵图

气体流过涡轮时，质量焓 h（或温度 T）、压力 p 和速度 c 的变化情况可用焓熵图清楚地表示出来，如图 3-28 所示。图中的 O 点表示涡轮进口气体状态，其压力为 p_t，温度为 T_T，此时具有速度 c_0，0^* 点则表示相应的滞止状态。在蜗壳与喷嘴中的膨胀过程，对于等熵过程，按 $0-1s$ 进行；对于实际过程，由于存在流动损失使熵增加，是按 $0-1$ 进行。1 点表示涡轮叶轮入口处气体状态，此时气体的速度是 c_1，滞止状态为 1^* 点。由于该过程气体不做功，总的能量守恒，$H_0^* = H_1^*$。在工作叶轮中，等熵过程是按 $1-2s$ 进行，实际过程是按 $1-2$ 进行。由于叶轮出口的气体仍具有一定的速度 c_2，其动能为 $c_2^2/2$，这部分能量将被排入大气而损失掉，称为余速损失。当在蜗壳、喷嘴和叶轮中全为等熵过程时，则按 $0-1s-2ss$ 进行。如将坐标建立在旋转的叶轮上，叶轮进、出口气流的动能为相对速度的动能 $w_1^2/2$ 和 $w_2^2/2$，滞止状态分别为 $1I^*$ 和 $2I^*$ 点，由于在相对坐标下叶轮不转则不对气体做功，$1I^*$ 和 $2I^*$ 点的焓值相同。

根据能量守恒定律，在一定的膨胀比下，气体对涡轮做功的最大可用能量就是涡轮入口的滞止焓与等熵过程叶轮出口的静焓之差，即

88

$$H_T = H_T^* - H_{2ss} = c_p(T_T^* - T_{2ss}) = \frac{kRT_T^*}{k-1}\left[1 - \left(\frac{p_2}{p_T^*}\right)^{\frac{k-1}{k}}\right] \qquad (3-8)$$

而实际上，由于存在着流动损失、余速损失等，气体对涡轮所做功是涡轮入口的滞止焓和实际过程叶轮出口的滞止焓之差，即

$$W_T = H_T^* - H_2^* = c_p(T_T^* - T_2^*) = \frac{kRT_T^*}{k-1}\left[1 - \frac{T_2^*}{T_T^*}\right] \qquad (3-9)$$

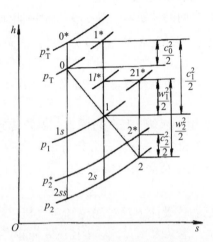

图 3-28 涡轮工作过程的焓熵图

对于反动式涡轮，喷嘴与叶轮之间的焓降分配用反动度表示，反动度可以有几种不同的定义，通常可定义为

$$\Omega_T = \frac{H_{1s} - H_{2s}}{H_T^* - H_{2ss}^*} \qquad (3-10)$$

在纯冲击式涡轮中，反动度为零。在涡轮增压器中，多采用反动式涡轮，通常轴流式涡轮的反动度为 0.30~0.50，径流式涡轮的反动度为 0.45~0.52。

3.2.3.3 涡轮的主要工作参数

涡轮的主要工作参数有涡轮等熵效率、膨胀比、气体流量和涡轮转速等，并以这些参数及其相互关系来表示涡轮的工作性能。

（1）等熵效率 η_{adT}。涡轮等熵效率（简称效率）是涡轮的主要性能参数，它是评价涡轮设计和制造完善程度的重要指标。等熵效率的定义为实际过程气体对涡轮做功与理想的等熵过程气体对涡轮做功的最大可用能量之比，即

$$\eta_{adT} = \frac{W_T}{H_T} = \frac{H_T^* - H_2^*}{H_T^* - H_{2ss}} \qquad (3-11)$$

（2）膨胀比 π_T。涡轮膨胀比是代表气体在涡轮中具有做功能力的重要参数，定义为涡轮进口气体滞止压力与涡轮出口气体静压力之比，即 $\pi_T = p_T^*/p_2$。

（3）流量 q_{mT}。单位时间内通过涡轮的气体质量称为涡轮的气体流量（kg/s）。在涡轮增压发动机中，无泄漏和放气时，通过涡轮的燃气流量等于压气机流量与发动机燃烧的燃料流量之和。

在分析各性能参数之间的关系时，为了使涡轮性能在不同入口气体状态下具有可比性，应采用无量纲的相似流量 $\sqrt{T_T^*}/p_T^*$ 表征涡轮的流量。在实际应用中，为了便于与设计工况进行比较，也经常采用折合流量来表征涡轮的流量。与压气机不同的是，所谓折合流量是指非设计工况下的相似流量与设计工况下的相似流量之比。

（4）涡轮转速 n_T。由于涡轮与压气机同轴，涡轮转速与压气机转速相等，统称涡轮增压器转速，单位为 r/min。在分析各性能参数之间的关系时，应采用相似转速 $n_T/\sqrt{T_T^*}$。但涡轮的相似转速与压气机的相似转速不再存在相等的关系。

（5）速比。速比是涡轮设计中及对涡轮和压气机进行匹配时的重要设计参数。对于轴流式涡轮，定义为 u/c_0，对于径流式涡轮，定义为 u_1/c_0。其中，u、u_1 是工作叶轮入口的叶轮线速度；c_0 是一个假想速度，指燃气从进口状态不对外做功而等熵膨胀到涡轮出口压力所能达到的速度。

由于效率、膨胀比和速比均为无量纲量，可直接作为相似参数。

3.2.4 涡轮的特性曲线

涡轮在实际运行时，当柴油机的转速、负荷发生变化时，排气涡轮进口的温度、压力、流量都相应发生变化，使涡轮的焓降、速度三角形随之而变，从而使涡轮工作在非设计工况。这种非设计工况叫做变工况。与压气机一样，涡轮在变工况时气流参数的变化通过特性曲线来表示。也就是说，涡轮特性曲线表示了在各种工况下涡轮主要工作参数间的变化关系，是确定涡轮与发动机匹配合理与否的重要依据。涡轮性能曲线最常用形式是表征涡轮通流能力的流量特性曲线和表征涡轮效率变化的效率特性曲线。

3.2.4.1 流量特性曲线

流量特性曲线是以相似流量 $q_{mT}\sqrt{T_T^*}/p_T^*$ 为横坐标，膨胀比 p_T^*/p_2 为纵坐标，相似转速 $n_T/\sqrt{T_T^*}$ 为参变量的一组曲线。图 3-29 虚线部分为径流式涡轮的流量特性，图3-30为轴流式涡轮的流量特性。

由图3-29和图3-30可见，当转速一定时，相似流量随膨胀比的增大而增加，直至达到流量最大值。若再继续增大膨胀比，涡轮流量也不会再增加，这时的流量称为阻塞流量。发生流量阻塞的原因是喷嘴环或涡轮叶轮中某处气流速度已达到了当地声速。涡轮实际工作时，由于喷嘴出口处流速最高，往往是该处先于叶轮发生流量阻塞。

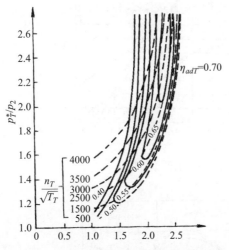
图3-29 具有等效率线的径流式涡轮流量特性

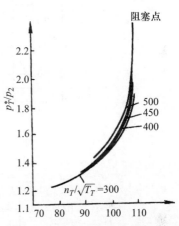
图3-30 轴流式涡轮的流量特性

比较两种涡轮的流量特性曲线可以明显地看到：在径流式涡轮中，由于离心力场的作用，转速对膨胀比与流量的影响较轴流式的大得多。这是因为在径流式涡轮中，当膨胀比不变、转速增加时，由于离心力的增加使叶轮进口处的压力增加，使喷嘴环出口气流速度下降，喷嘴环前后压差减小，使流量降低；同理，当流量不变时，随转速增加膨胀比会增大。在轴流式涡轮中，由于叶轮进、出口直径无变化，因而转速对喷嘴出口压力基本无影响，这就使得转速对膨胀比与流量的影响较小，甚至有时可以近似地用一条与转速无关的单一曲线表示。

3.2.4.2　效率特性曲线

涡轮的效率特性曲线，是表示在不同的相似转速下，涡轮等熵效率与速比之间的相互关系。图3-31示出了径流式涡轮的效率特性，图3-32是轴流式涡轮的效率特性。

涡轮的效率特性主要是由喷嘴及涡轮内的损失特性所决定的。当涡轮在变工况下工作时，速比偏离了设计值。喷嘴中的损失虽然变化不大，但在涡轮叶轮中，无论速比大于还是小于设计值，都要产生气流的撞击和分离，使涡轮效率下降。因此，只有在设计工况时损失最小，效率最高，越偏离设计工况，效率越低。

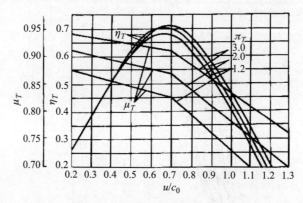

图 3-31 径流式涡轮的效率特性

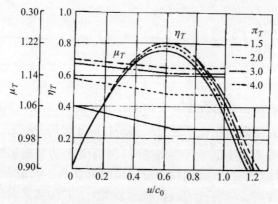

图 3-32 轴流式涡轮的效率特性（VTR321）

对比两种涡轮的效率特性曲线，可以看到：轴流式涡轮高效率范围较宽，而径流式涡轮的较狭窄，而且当速比超过一定数值后，涡轮效率急剧下降。这是由于在径流式涡轮中，燃气流动的方向与离心力场作用的方向相反，在燃气流量小（即 u/c_0 大）至一定程度时，燃气所做的功大部分用于克服离心力场的作用，因而有效功较小。

由于上述涡轮的流量特性和效率特性都是采用相似参数绘制，可以不受外界条件的限制，适合于任何进口状态，应用十分方便，因此称为涡轮的通用特性曲线。

由于在转速一定的情况下，流量和速比具有相应的直接关系，即流量越大速比越小，因此可用流量代替速比反映效率特性。这样，流量特性和效率特性就只涉及转速、流量、膨胀比和效率四个参数。实际使用中，经常把这四个参数之间的关系画在一张图上，用以反映流量特性和效率特性。由于是用相似参数绘制，也称为涡轮的通用特性曲线，如图 3-29 所示。这组曲线能较全面地反映涡轮在变工况下各种性能的变化规律，当知道其中两个参量，便可由图中查出其余两个参量。与压气机特性曲线并列应用，可以方便地对涡轮和压气机的匹配和运行进行分析。

3.3 涡轮增压器的轴承

轴承跟涡轮增压器工作的可靠性有重大关系。它不但要保证以高速旋转的转子可靠地工作，而且还要使转子确定在准确的位置上。它承受着转子部件的重力、气体对转子的作用力、转子不平衡质量引起的离心力和发动机振动带来的外载荷。涡轮增压器上的轴承有径向轴承和推力轴承，径向轴承又分为滚动轴承和滑动轴承，过去采用滚动轴承的较多，现在采用滑动轴承的较多。

3.3.1 轴承在涡轮增压器上的布置形式

轴承在涡轮增压器上的布置形式，决定了涡轮和压气机工作轮以及轴承的相互位置。一般有四种可能的轴承布置形式，如图 3-33 所示。

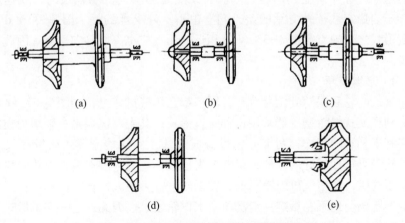

图 3-33 轴承在涡轮增压器上的布置形式

（a）外支承；（b）内支承；（c）、（d）内外支承；（e）悬臂支承。

3.3.1.1 外支承

两个轴承位于转轴的两端，如图 3-33（a）所示。这种布置形式在轴流式涡轮增压器中是常见的。其主要优点是：转子的稳定性较好；两个工作轮之间的空间位置较多，便于对气体进行密封；对两端的轴承可分别采用单独的润滑系统，使轴承受高温气体的影响较小；转子轴颈的直径较小，降低了轴颈表面的切线速度。这些都增加了轴承工作的可靠性，延长了轴承的寿命。其缺点主要是：涡轮增压器的结构复杂，质量和尺寸都较大；压气机不能轴向进气，使其进口空气流场较难组织；清洗涡轮增压器的工作轮较难。因此，这种支承形式多用于大型涡轮增压器。

3.3.1.2 内支承

两个轴承位于两个工作轮之间，如图 3-33（b）所示。这种布置形式应用最多，其主要优点是：涡轮增压器的结构较简单，质量和尺寸都较小；压气机能轴向进气，流阻损失减小；清洗两工作轮比较容易，且不会因轴承而破坏转子的平衡。其缺点主要是：两个工作轮之间的空间较小，较难安排油、气的密封装置；支承轴颈较粗，使其表面切线速度增加；两轴承采用同一润滑系统，使靠近涡轮的轴承热负荷较大。这些都将影响轴承的工作寿命。因此，这种支承形式多用于中、小型涡轮增压器。

3.3.1.3 内外支承

两个轴承分别布置在转轴的一端和两工作轮之间，有两种布置方案（图3-33（c）和图 3-33（d））。图 3-33（c）所示布置形式的主要优点是：压气机能轴向进气，涡轮端的密封较易安排，局部拆卸零件即可清洗压气机工作轮，质量和尺寸介于上述两者之间。其缺点是：压气机端轴颈的切线速度较高，转子的稳定性较外支承的差，润滑也不及外支承的好。图 3-33（d）所示布置形式之优缺点与图 3-33（c）相近，压气机也不能轴向进气。因此采用得较少。

3.3.1.4 悬臂支承

压气机叶轮和涡轮叶轮背对背，轴承都在压气机一侧，如图 3-33（e）所示。个别径流式涡轮增压器采用这种布置形式，其主要优点是：轴承均在低温处，有利于轴承的工作；两个叶轮可做成一体，使结构紧凑，质量和尺寸最小；涡轮盘可得到较好的冷却；漏气损失也较小。但其缺点是：涡轮的热量容易传至压气机，使压气机效率降低；转子的悬臂力矩大，稳定性不好；压气机进口空气流场受到不利影响；清洗两个工作轮较难。因此，这种支承形式只在极少场合使用。

3.3.2 涡轮增压器的轴承结构

3.3.2.1 滚动轴承

常用滚动轴承的结构如图3-34所示。一般外支承的轴承布置方案采用这种轴承。这种轴承的主要优点是：机械摩擦损失小；有良好的启动和加速性能，特别在大气温度较低时，能保证涡轮增压器有良好的启动条件；由于机械摩擦生热较少，使润滑油的消耗较少；一般采用独立的自行循环的润滑系统，可保持涡轮增压器的清洁；不需要单独设置推力轴承。但是，滚动轴承有不容忽视的缺点：为适应涡轮增压器高转速的要求，轴承的材料和加工精度要求很高；为防止振动载荷，轴承支座必须安装减振装置；且构造较复杂，价格较高，工作寿命较短。

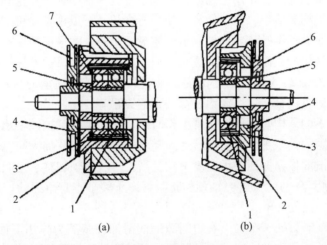

图 3-34 滚动轴承

（a）双列滚动轴承；（b）单列滚动轴承。

1—滚动轴承；2—轴承外套；3—弹簧片；4—轴承外壳；5—轴承内套；

6—甩油盘；7—轴向垫片。

在滚动轴承置于转子两端的情况下，转轴的轴颈直径较小。一般转轴设计成柔性轴，转子的工作转速高于转子与支承系统的二阶临界转速。

图3-34（a）是双列向心推力球轴承的结构，一般安装在压气机端，可以承受一定的轴向力。轴承组合件由滚动轴承、轴承内套、外套、弹簧片和轴承外壳等装配而成，用轴承盖和螺钉拧紧。一般轴承内套和轴承的内圈是加热后套紧的，而内套和转轴靠键连接，使轴承内圈和转轴一起运动。轴承的两侧有

调整垫片，可以调整轴承的轴向位置。一组弹簧片安放在轴承外套和轴承外壳之间，它们之间一般有 0.25~0.35mm 的间隙。弹簧片按一定顺序排列，每一弹簧片的凸肩插入轴承壳的凹槽中，以限制它的转动。每片弹簧片上都有许多小孔，当弹簧片叠在一起时，小孔内可储存一些润滑油。这组弹簧片是一种减振装置。当转子出现振动和可能的冲击时，靠弹簧片的弹性吸振和其间挤出润滑油的阻尼作用来消振。

图 3-34（b）是单列向心球轴承的结构，一般安装在涡轮端，可以允许轴承有微小的轴向位移。当涡轮增压器工作时，转子受热后，轴会有某些伸长；当涡轮增压器停止工作时，转子冷却后轴会恢复到原来的长度。这时，压气机端的双列向心推力球轴承是固定点，转轴可向涡轮端自由伸长或缩短。

3.3.2.2 向心滑动轴承

在涡轮增压器中，常用的向心滑动轴承分为多油楔轴承和浮动轴承。

滑动轴承构造简单，价格便宜，使用寿命长，可以用发动机润滑系统的润滑油工作，对振动不敏感。如果润滑油质量好，转子动平衡精度高，其使用寿命相当于柴油机的大修期限甚至更长。但它的缺点是：机械摩擦损失较大，比滚动轴承大约高 2~3 倍；消耗的润滑油量较多。滑动轴承的材料要求耐磨、导热，常用锡青铜合金、高锡铝合金、青铜镀锡等。

滑动轴承的结构必须保证正常工作时形成液体摩擦。轴和轴承之间有一定的间隙，间隙的大小主要取决于转速。随转速增加，必须加大间隙，以保证通过较大的润滑油量和保证轴承温度不致过高。一般转轴和轴承之间的间隙等于轴颈直径的 0.2%~0.5%。当轴颈静止时，由于转轴本身重力的作用，轴颈和轴承在最低一点处接触，两边形成楔形的缝隙（图 3-35（a））。当轴颈按顺时针方向转动时，处于接触点右边间隙的润滑油在摩擦力作用下而引起运动，越接近轴颈的油层运动速度越大，紧贴轴颈的油层与轴颈的运动速度相同，而附着在轴承上的油层速度为零。当轴颈带着润滑油通过最狭的间隙时，油被挤在最狭部分而产生压力。在油压力作用下，轴颈便被抬起。随着轴颈转速增加，油压力也增加，把轴颈和轴承完全隔开，在两者之间的下方后部油膜最薄（图 3-35（b））。当最小油膜厚度 h_{min} 大于轴颈和轴承表面粗糙度之和时，便形成液体摩擦。

滑动轴承的工作条件取决于转速和载荷。在高速、轻载情况下，轴在轴承的油层中会产生自振，而产生这种振动的临界转速和振幅，取决于轴承和载荷的结构形式。在一定的结构及载荷下，当达到一定转速时，轴在轴承的油层中便开始出现自振，即所谓油膜振动。随着转速的提高，振幅也迅速增大，使涡轮增压器运转极不稳定，严重时会破坏轴的正常工作，造成整台增

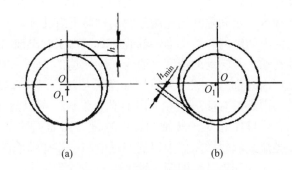

图 3-35 滑动轴承和轴的相对位置

(a) 静止状态;(b) 转动状态。

压器损坏。因此,在高速涡轮增压器上使用滑动轴承时,必须解决油膜振动问题。

多油楔轴承是在轴承内表面均匀分布几个楔形的油槽,通常是采用三个油楔或四个油楔,如图 3-36 所示。润滑油从与楔形相同数目的油孔进入油楔中,当轴旋转时,轴颈带着润滑油通过楔形区,油楔被挤而压力升高,轴颈就在这种油楔压力下被抬起,随着转速的提高而实现液体摩擦。开油槽的目的是为了使润滑油沿摩擦表面均匀分配,容易实现液体摩擦,同时还能增加进入轴承的润滑油量,以降低轴承的工作温度。因为有多个油楔分别形成压力油膜,将轴紧紧压向平衡位置,因此轴的运动轨迹稳定。实际使用证明,多油楔轴承可以有效地克服油膜振动,在高速、轻载情况下,它是抗振性能较好的轴承。

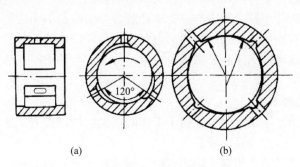

图 3-36 多油楔滑动轴承

(a) 三油楔;(b) 四油楔。

浮动轴承又称浮动环（图3-37）。浮动轴承工作时，浮动环和轴颈、浮动环和轴承座之间都有一定间隙并均充满油膜，轴承上有孔使内外油膜相通。一般浮动环外间隙为内间隙的2倍。当转轴旋转时，由于润滑油的黏性而引起摩擦力，使浮动环转动，其转动的速度一般为转轴转速的25%～30%，形成两层油膜。由于浮动环内外都有间隙，可以增加润滑油量，以降低轴承工作温度。同时，由于浮动环内外都有油层存在，因而具有弹性，可以消减转子的振动。由于浮动环转动，降低了相对于转轴的运动速度，因而更适合于高转速下工作，在小型高速径流式涡轮增压器中得到广泛应用。浮动轴承在结构上分为整体式和分开式。整体式浮动轴承的两个轴承由中间过渡段连为一体，两端面可兼作止推轴承，但质量大，惯性大，加工精度要求高；分开式浮动轴承的两轴承分为两体，每个轴承两端由挡圈或垫片定位，质量轻，惯性小，易于加工。高速涡轮增压器多用分开式浮动轴承。

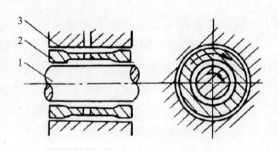

图3-37　浮动轴承工作示意图
1—转轴；2—浮动轴承；3—轴承座。

还有一种称为半浮动轴承的弹性支承滑动轴承，其结构与整体式浮动轴承类似，只是浮动环不转，其中的一个端面隔着一层特制的弹性垫片固定在轴承座上，轴承上有孔使内外油层相通，但只有内油层形成油膜。与全浮动轴承相比，半浮动轴承对轴承座的要求低，对轴承外表面与轴承座孔的同轴度精度要求低。

3.3.2.3　推力轴承

推力轴承的作用是专门承受转子工作时产生的轴向推力。推力轴承一般设置在压气机端，因此处温度较低。

对于径流式涡轮增压器，作用在压气机叶轮上的轴向力和作用在涡轮叶轮上的轴向力方向相反，合力较小，多采用较简单的推力轴承装置，如图3-38所示。轴承安装在壳体上不动，两个推力片被隔环隔开，安在轴上随轴旋转，两推力片跨轴承两端面限位，轴承内部有油孔，两端面有油楔，与推力片之间形成润滑油膜。

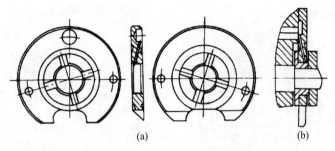

图 3-38　径流式涡轮增压器推力轴承
（a）结构形式；（b）工作状态。

对于轴流式涡轮增压器，涡轮多为外侧轴向进气，作用在压气机叶轮与轴流式涡轮叶轮上的轴向力方向相同（指向压气机端），因此，其合力较径流式涡轮增压器大。当径向支承为滑动轴承时，其推力轴承的形式多如图 3-39 所示；而当径向支承为滚动支承时，多在压气机端采用双列角接触球轴承来承受轴向推力并作为径向支承。

3.3.3　轴承的润滑和冷却

为了保证轴承可靠地工作，必须供给轴承足够的润滑油，对轴承进行润滑和冷却。

在涡轮增压器采用滚动轴承时，一般采用单独的润滑系统，润滑方式有飞溅式和泵喷射式两

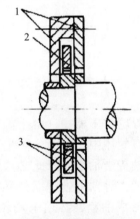

图 3-39　轴流式涡轮
增压器推力轴承
1—轴承；2—推力盘；
3—油槽。

种。在增压比较低、转速较低的涡轮增压器中，滚动轴承的机械摩擦损失很小，所生的热量较少，因此需要的润滑油量较少。这时，可采用装在转轴端的甩油盘，使润滑油飞溅起来，一部分飞溅的润滑油通过轴承座上的通道进入轴承进行润滑和冷却，如图 3-40（a）所示。在增压比和转速较高的涡轮增压器中，由于机械摩擦生热较多，需要较多的润滑油，这时可在转轴端部安装一个专门的润滑油泵，将润滑油喷入轴承中，以加强轴承的润滑和冷却，如图 3-40（b）所示。

在涡轮增压器采用滑动轴承时，由于摩擦产生的热量很大，特别是在径流

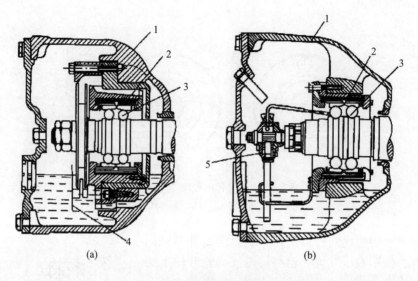

(a)   (b)

图 3-40　滚动轴承的润滑方式

（a）飞溅式；（b）润滑油泵喷射式。

1—轴承外壳；2—弹簧片；3—滚动轴承；4—甩油盘；5—润滑油泵及喷射装置。

式涡轮增压器中，由于涡轮工作轮处在高温气体中，一部分热量从工作轮经过转轴传给轴承，因此必须供给大量的润滑油，对轴承进行润滑和冷却。为了能够形成油膜，必须采用压力润滑方式，可与柴油机共用润滑油系统，一般润滑油的压力为 250~400kPa。如图 3-41 所示，冷却与润滑机油是从发动机机油滤清器出来，进入涡轮增压器中间壳上方的进油口，然后分别润滑各轴承。对于浮动轴承，润滑油是沿径向从中间部位流入，沿轴向从两端面排出；对于推力轴承，润滑油从推力轴承上部的油孔进

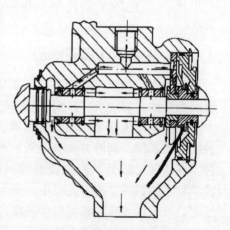

图 3-41　滑动轴承的润滑方式

入，沿内部的油孔进到润滑部位，然后排出。排出的润滑油经中间壳回油孔回到发动机的油底壳。

　　轴承工作时产生的热量，除靠润滑油带走外，有的还要采取其他冷却措

施。如有的在涡轮壳和中间壳上设置水腔进行水冷，有的对压气机端轴承处的机壳进行气冷。

3.3.4 涡轮增压器的密封和隔热

涡轮增压器的密封装置包括气封和油封两种。防止压气机的压缩空气与涡轮的燃气进入润滑油腔，称为气封；防止轴承处润滑油漏入涡轮增压器气流通道，称为油封。良好的密封装置是涡轮增压器可靠工作不可缺少的组成部分。

涡轮增压器的密封方式分为接触式密封和非接触式密封。接触式密封主要是用密封环密封，非接触式密封有迷宫式、甩油盘和挡油板等几种密封形式。

在大型轴流式涡轮增压器中，多采用迷宫式密封装置（图3-42）。迷宫式密封是利用流体流过变截面的缝隙产生节流作用，造成压力损失，使压力下降，经多次节流后，使流体的压力接近外界的压力，从而起到密封的作用。当在迷宫内通入一小股增压后的压缩空气时，可加大密封间隙，因而降低加工精度要求，减小机械摩擦损失，并使涡轮端轴承得到较好的冷却。

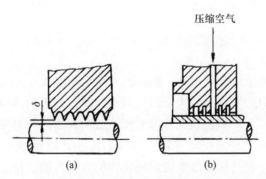

图 3-42　迷宫式密封
（a）简单的迷宫式密封；（b）通入压缩空气的迷宫式密封。

在小型径流式涡轮增压器中，由于结构紧凑，不利于安排迷宫式密封，常采用密封环密封辅以甩油盘和挡油板相结合的密封装置（图3-43）。密封环密封是将数个密封环分别安装在涡轮端和压气机端的密封环支承环槽内，密封环依靠弹力涨紧在密封环支承的外体上。密封环支承随转子轴旋转，而密封环不转，其侧壁与环槽之间有一定间隙进行密封。密封环内支承的内部常做成甩油盘形式，靠旋转离心力甩掉黏附在轴上的润滑油，避免其流到密封环处。挡油板一般设在压气机端，避免油腔内的润滑油溅到密封环处。

101

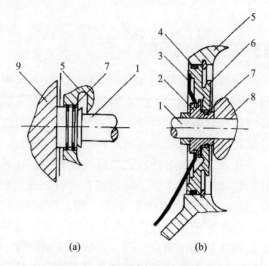

图 3-43　密封环密封结构

(a) 涡轮端密封结构；(b) 压气机端密封结构。

1—轴；2—密封环支承；3—挡油板；4—O 形橡胶密封圈；5—中间壳；

6—油腔堵盖；7—密封环；8—压气机叶轮；9—涡轮叶轮。

　　密封环的弹力要求非常严格，既不能太大也不能太小。密封环靠弹力涨紧在外支承上的轴向静摩擦力应大于燃气或空气压力造成的轴向力，另外，也不能出现由于密封环和环槽侧面的轻微摩擦造成的密封环随轴旋转现象。但当转子轴向窜动时，密封环又应能够轴向移动以避让，以免造成和环槽侧面的摩擦。密封环弹力主要是通过改变密封环材料的力学性能、自由状态的开口间隙和改变密封环的径向厚度进行调整。

　　由于涡轮端的热量会传到压气机端及轴承处，不仅会使压气机内的压缩空气温度上升而降低压气机效率，而且还使轴承的工作可靠性受到威胁。因此，需要采取隔热措施。

　　轴流式涡轮增压器常用以下隔热措施：

　　(1) 在涡轮壳或中间壳内布置冷却水腔，既起隔热作用，又对润滑油进行冷却。

　　(2) 涡轮轴装隔热保护套。

　　(3) 压气机叶轮背后设隔热室。

　　径流式涡轮增压器的隔热装置较轴流式涡轮增压器简单，这一方面是由于它多采用中间支承布置形式而且涡轮在外侧排气，燃气对轴及轴承影响较小；

102

另一方面，对它的紧凑性要求也不允许布置复杂的隔热装置。因此，径流式涡轮增压器多采用在中间壳的涡轮一侧留有气室隔热，或同时兼有隔热板；也有的采用水冷中间壳，但不采用水冷涡轮壳。

3.4 中冷器

增压中冷柴油机是在压气机出口和发动机入口之间安置空气中间冷却器（简称中冷器），使增压后的空气温度降低、密度增大，使柴油机的循环进气量增多。增压中冷可以在柴油机的热负荷不增加甚至降低，以及机械负荷增加不多的前提下，较大幅度地提高柴油机功率，还可提高发动机的经济性，降低排放。

3.4.1 中冷器的冷却方式

目前采用的中冷器都属错流外冷间壁式冷却方法，根据冷却介质的不同，有水冷式和风冷式两大类。

水冷式冷却根据冷却水系的不同又分以下两种方式：

（1）用柴油机冷却系的冷却水冷却。这种冷却方式不需另设水路，结构简单。柴油机冷却水的温度较高，在低负荷时可对增压空气进行加热，有利于提高低负荷时的燃烧性能；但在高负荷时对增压空气的冷却效果较差。因此，这种方式只能用于增压度不大的增压中冷柴油机中。

（2）用独立的冷却水系冷却。柴油机有两套独立的冷却水系，高温冷却水系用来冷却发动机，低温冷却水系主要用于机油冷却器和中冷器。这种冷却方式冷却效果最好，在船用和固定用途柴油机中普遍应用。

风冷式冷却根据驱动冷却风扇的动力不同，可分为以下两种方式：

（1）用柴油机曲轴驱动风扇。这种方式适用于车用柴油机，把中冷器设置在冷却水箱前面，用柴油机曲轴驱动冷却风扇与汽车行驶时的迎风同时冷却中冷器和水箱。车用柴油机普遍采用这种冷却方式，但在低负荷时易出现充气过冷现象。

（2）用压缩空气涡轮驱动风扇。由压气机分出一小股气流驱动一个涡轮，用涡轮带动风扇冷却中冷器。由于驱动涡轮的气流流量有限，涡轮做功较少，风扇提供的冷却风量较少，显然其冷却效果较差。由于增压压力随负荷变化，因此这种冷却方式的冷却风量也随负荷变化，低负荷时风量小，高负荷时风量大，有利于兼顾不同负荷时的燃烧性能。且其尺寸小，在车上安装方便，在军用车辆上也有应用。

3.4.2 中冷器的结构

目前普遍使用的水冷式中冷器是采用管片式结构。近几年由俄罗斯引进技术的冷轧翅片管式中冷器由于使用可靠性好、传热系数大等优点，也开始受到重视与应用。图3-44示出了这两种中冷器冷却元件的结构形式。

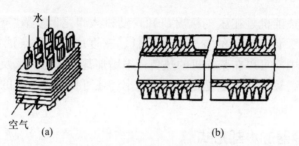

图3-44 水冷式中冷器冷却元件
（a）管片式；（b）冷轧翅片管式。

（1）管片式中冷器。管片式中冷器是在许多水管上套上一层层的散热片，经锡钎焊或堆锡焊焊接在一起。冷却水管和散热片采用紫铜或黄铜制造。水管的排列有叉排和顺排两种，水管截面的形状有圆形、椭圆形、扁管形、滴形和流线形等几种形式，如图3-45所示。其中，圆管工艺性和可靠性较好，但空气的流通阻力较大，使空气压力损失较大。滴形管和流线形管虽然空气阻力较小，但由于工艺性和可靠性较差，目前很少应用。椭圆管与圆管、扁管相比，具有较小的空气阻力，其工艺性和可靠性虽不及圆管但优于扁管。因此，在柴油机上多采用椭圆管做中冷器的水管。

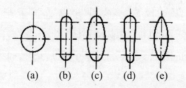

图3-45 管片式中冷器冷却水管截面的形式
（a）圆管；（b）扁管；（c）椭圆管；（d）滴形管；（e）流线形管。

中冷器冷却元件的结构参数对中冷器性能影响很大。由于水侧的对流换热系数通常是气侧的对流换热系数的10倍以上，因此气侧的散热面积应为水侧散热面积的10倍以上。无论水侧还是气侧，流通面积越小，则流速越大，对流换热系数越大，但流动阻力损失也越大。椭圆水管中冷器冷却元件结构参数推荐值如下：

　　水管断面尺寸：$2a \times 2b = 17mm \times 5mm$，管壁厚取 0.5mm

　　管束横向间距：$S1 = 15mm$

　　管排纵向间距：$S2 = 23mm$

　　散热片厚度：$d = 0.10 \sim 0.15mm$

　　散热片间距：$h = 2 \sim 2.7mm$

　　（2）冷轧翅片管式中冷器。冷轧翅片管是由单金属管或内硬外软的双金属管在专用轧机上轧制而成。通常单金属管用紫铜或铝，双金属管的内管用黄铜、外管用铝。在轧制过程中使两种金属牢固地贴合在一起，几乎没有间隙，即使在长期振动工作条件下也不会脱开。将翅片管用涨管法固定在端板上，整个加工过程不用焊接，不存在虚焊和长期振动工作后的脱焊现象。因此，冷轧翅片管中冷器的主要优点就是接触热阻小，工作可靠性好。其缺点是在同样体积下冷却表面积较小，空气阻力损失较大。同样是设计合理的中冷器，与水管为椭圆管的管片式相比，能保持相同的散热能力，冷却表面积可减少约30%，其空气阻力损失与水管为圆管的管片式大致相同。

第4章 涡轮增压器与柴油机的匹配技术

4.1 概论

　　涡轮增压柴油机的性能除了取决于柴油机与涡轮增压器各自的性能以外，两者之间的匹配情况有着十分重要的影响。所谓良好的匹配是指涡轮增压柴油机在各种工况下运行时，增压系统能向发动机提供所需的空气量，另一方面柴油机也能向涡轮增压器提供足够的废气能量，即保持整个系统的能量平衡。

　　柴油机所提供的能量取决于废气的压力、温度和流量。当工况发生变化时，这些参数也随之发生变化。由于柴油机是往复式发动机，在运行中随着转速的变化其流量可以在很大的范围内变化。涡轮增压器是回转式机械，压气机从喘振线到阻塞线之间的流量范围比较狭窄，当两者串联布置时，要保持流量的平衡。当柴油机的转速发生变化时，流量即发生变化，同时引起通过涡轮增压器的流量发生变化，导致其偏离设计点的高效率区，这时就要求柴油机提供更多的能量，否则就出现供气不足，使燃烧恶化。当柴油机的负荷发生变化时，则会引起废气压力和温度的变化，也会影响到向涡轮增压器提供能量的变化。

　　柴油机与涡轮增压器的匹配首先是额定工况的选择。同时，由于柴油机的不同用途，其运行工况有很大的差别，因此，也必须兼顾到部分工况的配合情况。判断涡轮增压器与柴油机的匹配效果，常用的方法是将柴油机的流量特性线叠合到压气机的流量特性线上，根据两者的相对位置来进行分析判断。

　　柴油机的各种运行特性与压气机的特性曲线匹配情况如图4-1所示。图4-1中，1为柴油机最低转速负荷特性线，2为最高转速负荷特性线；3为外特性线；4为螺旋桨特性线；5为压气机喘振线；6为压气机最高转速；7为最高排温限制线；8为压气机最低效率线。上述各条曲线称为增压柴油机的联合运行线。

　　对于联合运行线的基本要求是：

　　（1）在标定工况下，能达到下列要求：预期的增压压力和空气流量；涡轮前的排气温度不超过预定允许值；涡轮增压器的转速低于最大允许值；运行

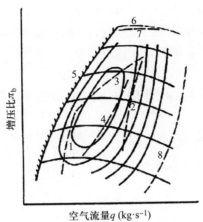

图4-1 涡轮增压器与柴油机的联合运行线

1—最低转速负荷特性线；2—最高转速负荷特性线；3—外特性线；4—螺旋桨特性线；
5—压气机喘振线；6—压气机最高转速线；7—最高排温限制线；8—压气机最低效率线。

点位于高效率区。

（2）在低负荷时能保证必需的空气量，以维持稳定的运行。

（3）在整个运行范围内不发生喘振与阻塞现象。

根据以上要求，涡轮增压柴油机的运行区域，如图4-2所示。这个伞形区域规定了涡轮增压柴油机的正常安全工作范围，然后再按照相应的运行特性线来判断匹配的效果。良好的匹配是运行线在此伞形区内，与喘振线有一定的距离，并通过压气机的高效率区。

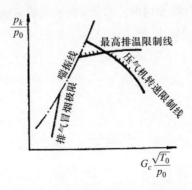

图4-2 涡轮增压柴油机运行区域

一般情况下，船用柴油机按螺旋桨特性线运行，转速与负荷呈抛物线形关系，其运行线与压气机喘振线基本保持平行，故匹配比较容易获得良好的效果。其他用途如车用是按外特性线运行，要获得良好的匹配就比较困难。此外对于高增压和超高增压柴油机，在低负荷运行时匹配应给予特别的注意。

4.2 涡轮增压器与柴油机配合运行点的确定

为了进一步说明配合运行的概念，特提出以下比较简明的分析方法。

4.2.1 平衡运行的基本条件

（1）功率平衡。 $\qquad N_T = N_C$

由此可得

$$G_C \frac{k}{k-1} R T_0 \left[\left(\frac{p_k}{p_0} \right)^{\frac{k*1}{k}} - 1 \right] \frac{1}{\eta_C}$$

$$= \beta G_{Tm} \frac{k_T}{k_T - 1} R T_{Tm} \left[1 - \left(\frac{p_{T_0}}{p_{T_m}} \right)^{\frac{k_T - 1}{k_T}} \right] \eta_T \eta_M \qquad (4-1)$$

令

$$k_1 = \frac{k_T}{k_T - 1} \frac{k-1}{k} \frac{R_T}{R}, \qquad \tau' = \frac{T_{tm}}{T_0} \eta_C \eta_T \eta_M \beta$$

则有

$$\pi_b = \frac{p_b}{p_0} = \left\{ 1 - \frac{G_{T_m}}{G_C} k_1 \tau' \left[1 - \left(\frac{p_{T_0}}{p_{T_m}} \right)^{\frac{k_T - 1}{k_T}} \right] \right\}^{\frac{k}{k-1}} \qquad (4-2)$$

式中：p_{T_m} 为涡轮前压力的平均值；T_{T_m} 为涡轮前温度的平均值；β 为脉冲系统涡轮功率增大系数，对于定压系统 $\beta = 1$。

（2）流量平衡。

$$G_T = G_C + G_F = G_C \left(1 + \frac{1}{\alpha_0} \right) \qquad (4-3)$$

通过涡轮的气体流量为

$$G_{T_m} = \alpha f_T \psi_T \sqrt{2gRT_{T_m}} = \alpha f_T \psi_T \frac{p_{T_m}}{\sqrt{T_{T_m}}} \sqrt{\frac{2g}{R}} \qquad (4-4)$$

$$\psi_T = \sqrt{\frac{k_T}{k_T - 1} \left[\left(\frac{p_{T_0}}{p_{T_m}} \right)^{\frac{2}{k_T}} - \left(\frac{p_{T_0}}{p_{t_m}} \right)^{\frac{k_t - 1}{k_T}} \right]}$$

式中：f_T 为涡轮级的当量有效通流面积；α 为脉冲系统的流量缩小系数，对于定压系统 $\alpha=1$。

令

$$k_2 = \sqrt{\frac{2g}{R}}$$

则

$$p_{T_m}\psi_T = \frac{G_{T_m}\sqrt{T_{T_m}}}{\alpha f_T k_2} = F\left(p_{T_m}, \ \frac{p_{T_0}}{p_{T_m}}\right)$$

式（4-2）、式（4-4）是确定增压器平衡运行点的基本公式。另外，还需满足以下两个条件。

（3）转速平衡。

$$n_T = n_C$$

（4）涡轮增压器的平衡工作点应落在柴油机相应工况的运行线上。

根据功率平衡及流量平衡公式可以得到如 4-3 所示图形。

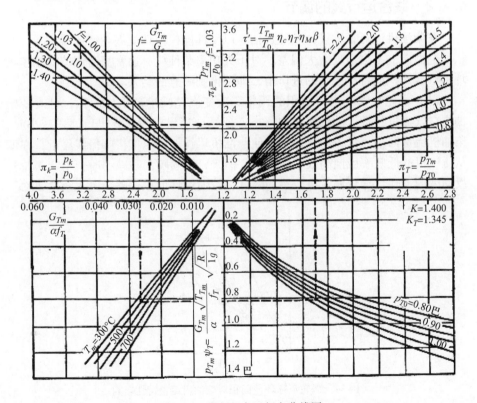

图 4-3　确定配合运行点曲线图

给定 $G_{T_m}/G_C = 1.03$，$k_1 = 1.1$，并以 τ' 为变量，则根据功率平衡式可绘出第一象限的曲线；根据流量平衡式可绘出第四象限的曲线。如果 $G_{T_m}/G_C \neq 1.03$，则可按比例计算出相应的 π_k 值，如图中第二象限所示的曲线，当 T_{T_m} 发生变化对流量产生的影响如图中第三象限的曲线所示。在一定的已知条件下，即可利用上述曲线求出在平衡条件下的其他有关参数。

例如，当已知 $G_{T_m}/\alpha f_T$、T_{T_m}、p_{T_0} 并估计得到 η_T、η_C、η_M 等效率值后，则可从第三象限开始，按虚线箭头所指的方向，即可得到压气机所能输出的压比值。

$$\frac{G_{T_m}}{\alpha f_T} \rightarrow T_{T_m} \rightarrow p_{T_m}\psi \rightarrow p_{T_0} \rightarrow \pi_T \rightarrow \tau' \rightarrow \frac{G_{T_m}}{G_C} \rightarrow \pi_C$$

如果所得到的压比值不能满足配机的要求，可利用缩小涡轮喷嘴面积的措施来进行调整。即从第二象限横坐标上所对应的压比值开始，按上述方向相反而行，即可找到相应的当量喷嘴面积 f_C 作为调整的依据。

4.2.2 联合运行线的调节

在柴油机进行正常设计和经过估算以及性能模拟选配涡轮增压器后，一般在配合性能上不会出现太大偏差。对于大功率柴油机，通常只需调节涡轮喷嘴环出口截面积或者扩压器的进口角，即可得到满意的结果。

（1）涡轮喷嘴环出口面积的调整。改变涡轮喷嘴环出口面积，可改变柴油机空气流量特性线的位置，如图 4-4 所示。当涡轮喷嘴环出口面积减小时，柴油机流量向小流量方向移动，可使柴油机运行线向压气机喘振线靠近，亦即从压气机的低效率区向高效率区移动。但是，当喷嘴面积减小时会引起涡轮机反动度的下降，导致涡轮机效率的降低，故喷嘴环面积调整一般不超过 20%。

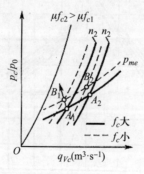

图 4-4　涡轮喷嘴环截面积对柴油机流量特性影响

110

（2）改变压气机扩压器的进口角。上述改变涡轮喷嘴环出口流通截面积的办法，是用改变柴油机运行线的办法来适应压气机特性，也可通过改变压气机特性线的办法来适应运行线。改变压气机特性线的办法很多，如改变压气机进口角、改变叶轮出口及扩压器进口宽度或者改变导风轮进口外径等，都可改变压气机的特性。当改变叶轮宽度时，压气机中与其有关的其他结构也要相应改变，因此只有大幅度调整压气机流量时，才采用这一办法。在仔细估算与选配增压器后，一般只是在小范围内调整，这时经常采用改变扩压器进口角的办法来实现。

当压气机进口角减小时，压气机的喘振区向小流量方向移动。喘振线的移动基本上是绕它的原点转动，如图4-5所示。故在高增压比时运行线穿出喘振线需要调整时，采用这种措施比较有效。

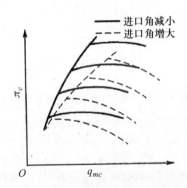

图4-5　压气机扩压器进口角对压气机流量特性影响

扩压器叶片进口角集通流截面积的调节，可以采用转动叶片的办法，也可采用车削扩压器内径的办法来达到。当扩压器叶片进口角改变后，不仅使柴油机空气流量运行线不与喘振线相交，消除喘振，而且对整个柴油机的性能参数也有利。因此，调整扩压器进口角的目的，有时是为了解决喘振，有时是为了提高柴油机性能。

4.3　涡轮增压柴油机的瞬态特性

4.3.1　概论

采用涡轮增压以后，柴油机的平均有效压力得到很大的提高，经济性也有所改善。但是，随着增压度的升高出现了对工况变化响应性能下降的现象。涡轮增压柴油机的瞬态性能与燃油喷射系统和调速器的特性、气缸内燃烧及废气能量的传递、涡轮增压器的性能等多方面的因素有关。例如，当负荷增大时，随着喷油量增多，废气能量很快增大，但涡轮增压器的转动惯量较大，响应滞后，因而不能提供足够的空气，因而影响到燃烧过程的进行，导致功率不足以排气冒烟。图4-6 给出了三种典型加载工况。

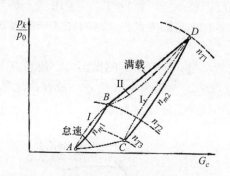

图4-6   涡轮增压柴油机典型加载工况

（1）柴油机保持转速不变，由空载加至满载（图中 $A \rightarrow B$ 为怠速，$C \rightarrow D$ 为高速）相当于柴油的的负荷特性运行工况。

（2）柴油机在最大扭矩不变下加速（图中 $B \rightarrow D$）相当于外特性运行工况。

（3）柴油机油低速空载加到高速满载（图中 $A \rightarrow D$）相当于船舶螺旋桨推进运行工况。

图4-6 中，A 点为低速空载工况点，C 点为高速空载工况点，B 点为低速满载（最大扭矩）工况点，D 点为最高转速满载工况点，n_{m1} 为柴油机最低限制转速线，n_{m2} 为最高转速限制线，n_{T1}、n_{T2}、n_{T3} 分别为各点相应的增压器等转速线。

4.3.2　增压器的转速响应

增压器的运动方程为

$$J_Z \frac{\mathrm{d}\omega_Z}{\mathrm{d}t} = \Delta M_T - (\Delta M_C + \Delta M_r) = \Delta M_Z \qquad (4-5)$$

式中：J_Z 为增压器转子的转动惯量；ω_Z 为增压器角速度；ΔM_T 为涡轮扭矩变化率；ΔM_C 为压气机扭矩变化率；ΔM_r 为阻力矩变化率；ΔM_Z 剩余力矩变化率。其中 M_r 现对较小，可视为定值，即 $\Delta M_r = 0$。

影响 ΔM_T、ΔM_C 的主要因素可归纳为：柴油机的角速度、增压器的角速度及柴油机的供油量。

（1）当柴油机的角速度为定值时，增压器响应过程的分析。

这时
$$\Delta M_T = M_T(\omega_Z, \ g_e) \qquad (4-6)$$
$$\Delta M_C = M_C(\omega_Z) \qquad (4-7)$$

将式（4-6）、式（4-7）展开并进行线性化处理，可得

$$\Delta M_T = \left(\frac{\partial M_T}{\partial \omega_Z}\right)_0 \cdot \Delta \omega_Z + \left(\frac{\partial M_T}{\partial g_e}\right)_0 \cdot \Delta g_e$$

$$\Delta M_C = \left(\frac{\partial M_C}{\partial \omega_Z}\right) \cdot \Delta \omega_Z$$

引入无因次变量 $\varphi_Z = \dfrac{\Delta \omega_Z}{\omega_{Z0}} \to \omega_{Z0} \cdot \dfrac{\mathrm{d}\varphi}{\mathrm{d}t} = \dfrac{\mathrm{d}(\omega_Z)}{\mathrm{d}t}$, $\beta = \dfrac{\Delta g_e}{g_{e0}}$

则运动方程式可写为

$$T_Z \frac{\mathrm{d}\varphi}{\mathrm{d}t} + \varphi_Z = K_Z \cdot \beta \qquad (4-8)$$

式中：$T_Z = \dfrac{J_Z}{\left[\left(\dfrac{\partial M_C}{\partial \omega_Z}\right) - \left(\dfrac{\partial M_Z}{\partial \omega_Z}\right)\right]}$ ，T_Z 称为时间因素；$K_Z = \dfrac{g_{e0}\left(\dfrac{\partial M_T}{\partial g_e}\right)_0}{\omega_{Z0}\left[\left(\dfrac{\partial M_C}{\partial \omega_Z}\right) - \left(\dfrac{\partial M_T}{\partial \omega_Z}\right)\right]_0}$ 。

4.3.3 柴油机的转速响应

柴油机的运动方程式为

$$J_M \frac{\mathrm{d}\omega}{\mathrm{d}t} = M_e - M_f = \Delta M \qquad (4-9)$$

式中：J_M 为柴油机的转动惯量；ω 为曲轴角速度率；M_e 为柴油机的有效扭矩；M_f 为负载扭矩；ΔM 为剩余扭矩。

柴油机的时间因素为

$$T_M = \frac{J_M}{\left[\left(\dfrac{\partial M_f}{\partial \omega}\right) - \left(\dfrac{\partial M_e}{\partial \omega}\right)\right]_0}$$

由于增压器的响应度比较差，T_Z 为 10~20s，T_M 为 1.3~3.0s，两者相差 6~7 倍；柴油机的过渡过程时间为 4~9s，增压器的过渡过程时间约为 60s。

4.3.4 改善增压柴油机瞬态特性的措施

如上所述，增压柴油机瞬态特性较差的原因就是增压空气量跟不上供油量的变化，所以改善增压柴油机瞬态特性的根本措施是使增压压力更快地提高，充入气缸的空气量更快增加。凡能起到这个作用的措施均可改善其瞬态特性，其中较常用的主要有下述措施。

4.3.4.1 尽量减小进气管和排气管的容积

小的进、排气管容积可以在加速或加负荷过程中，使其中气体压力较快增大，响应速度加快，因此脉冲系统比定压系统响应速度快。图4-7为12V396TC32涡轮增压柴油机在脉冲系统与定压系统下突加速瞬态特性的比较。两者都限制燃烧过量空气系数最小值为1.25。可以明显地看出，三脉冲系统的响应较快。因此，在瞬态特性要求较高的场合，宜选用脉冲增压系统或MPC系统，不宜采用定压系统。

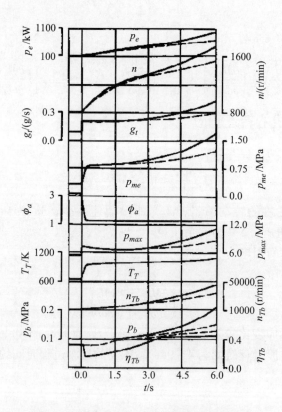

图4-7 脉冲系统与定压系统瞬态性能比较

4.3.4.2 在低工况运行时减小涡轮通流面积

若从低工况到高工况时涡轮通流面积小，则将使排气管中的压力更快上升，涡轮功率增加较快，使增压压力更快上升，从而改善瞬态特性。

属于这一方法的措施，已用得较成熟的是重新匹配涡轮增压器。恰当地选择柴油机与涡轮增压器的匹配点也能改善其瞬态响应性能，对于经常在变速变负荷下工作的涡轮增压柴油机可选择低转速（最高转速的50%～60%）、最大扭矩点作为匹配点。即采用较小的涡轮流通面积，在小流量的情况下通过提高废气能量来保证所需的空气量。这样可使柴油机和涡轮增压器的响应时间减少50%左右。而在高转速高负荷时，为了防止涡轮增压器超速及产生过高的增压压力，采用泄放涡轮前的排气，或泄放增压空气，即带放气阀的涡轮增压器。这同时也是一种改进增压柴油机低工况特性的有效方法。

图4-8为具有泄放排气的小涡轮增压器加负荷瞬态特性的改善。涡轮有效通流截面减小22%，同时涡轮转动惯量减小52%，使加负荷加速特性明显改善。

4.3.4.3 减小涡轮增压器转子的转动惯量

为了改善涡轮增压柴油机的加载瞬态性能，应尽量减小增压器的转动惯量，根据经验，转动惯量减少50%，能使涡轮增压器转速上升时间减少到1/3，同时柴油机的转速响应也有显著的改善，最大转速将减少了约60%，恢复时间减少了约50%。

减小涡轮增压器转动惯量的具体措施有几种，最简单的是选用内支承式涡轮增压器，其转动惯量比外支承式要小。二级涡轮增压系统可以使瞬态特性得到改善，这是由于在二级增压系统加速或加负荷过程中，主要起作用的是高压级涡轮增压器，而高压级涡轮增压器可以比一级增压时的涡轮增压器小一些，转动惯量也小，因此对瞬态特性有利。采用陶瓷涡轮转子，可减小转动惯量，使瞬态特性改善。

这里还必须提出，涡轮增压器转动惯量减小，可以使发动机在突加速或突加负荷时响应快，且不冒烟或减少冒烟，还可在突减负荷时避免使增压器喘振。图4-9为Cummins TCE-400四冲程柴油机在突减负荷与突加负荷时增压器转动惯量对瞬态响应特性的影响。图右面的曲线为突加负荷时用小转动惯量的涡轮增压器的转速上升快，图左面部分是突减负荷时小转动惯量的涡轮增压器转速下降快，增压压力降低快，这样在发动机转速降低时，空气流量跟着很快减少，可以更好地避开喘振。

4.3.4.4 外加能量改善瞬态特性

利用外加能量帮助加速涡轮增压器旋转，或使气缸充量增加加快，也可有

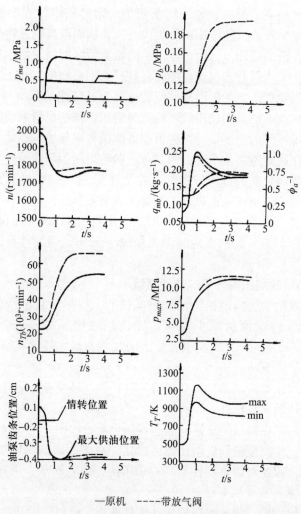

－原机　----带放气阀

图 4-8　带放气阀小涡轮增压器加负荷瞬态特性的改善

效改善瞬态特性。很多工业用和船用柴油机是有压缩空气储备的，以作为启动
之用，柴油机汽车常常配有空气制动系统，所以部分的空气供应与储备系统可
以用作改善瞬态特性之用。例如，在过渡过程的作用期间，将压缩空气喷射到
进气总管、排气总管、涡轮转子或增压器叶轮中去，以提高空气量的增加速度。

　　图 4-10 为 MAN7L20/27 柴油机作为船用主机在实船试验时，从 400r/min
突加到 900r/min 加与不加补气时的瞬态性能比较。加补气以后，7～9.5s 即可
达到 900r/min；而在不加补气时，16～18s 达到预定的增压压力。

116

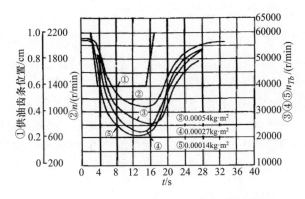

图 4-9　增压器转动惯量对瞬态响应特性的影响

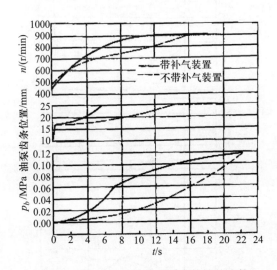

图 4-10　柴油机补气前后瞬态特性的比较

4.4　改善增压柴油机低工况性能的措施

　　通过前面的分析可以知道，对于船用柴油机，如果增压系统满足高速时增压适量的要求，则在低速时供气就会不足；如果满足低速时的供气量，则在高速时就可能增压过量。因此，必须采取一些补救措施，才能弥补其高低工况不能同时满足较佳匹配的矛盾，满足应用的要求。

4.4.1 采用脉冲增压系统或 MPC 系统

由于柴油机在部分负荷时，排气中的脉冲能量相对来说占的比例较多，采用脉冲增压系统或 MPC 系统后能够提高排气能量的利用率，有助于增压压力和进气流量的增高，因而能够改善其在部分负荷时的性能。

图 4-11 给出的是一台超高增压四冲程柴油机分别采用定压增压系统与脉冲增压系统时一些性能参数的比较。在全负荷情况下，两者具有相同的增压压力和尽可能高的涡轮增压器综合效率。两个增压器和两个涡轮的特性也差不多是相同的。两个涡轮增压器综合效率的稍许差别是由于脉冲系统中的涡轮效率略低的缘故。

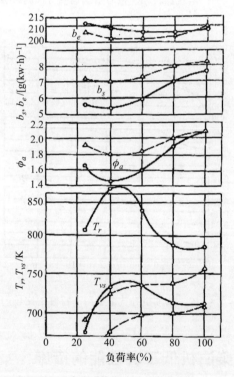

—o—定压系统　—△—脉冲系统

图 4-11　定压与脉冲增压系统比较

显然，三缸一管的脉冲增压即使在超高增压的四冲程柴油机中，也能获得很好的低工况性能。在按螺旋桨推进特性工作时，在大约 40% 负荷处，增压空气压力尚出现不足，但是燃烧过量空气系数仍然保持在 1.8 以上。排气温度及排气门座温度在部分负荷时都不比全负荷时高，而在用定压增压系统时，若不采取适当措施，是达不到这种水平的。

采用 MPC 系统，在低负荷性能方面要比定压增压系统的好，但与三脉冲系统相比，在低负荷时，性能有时稍稍差一些。

4.4.2 采用高工况放气

为解决低工况的性能问题，可采用图4-12所示的高工况放气系统。这时，涡轮增压器的设计是使发动机能在低于中等转速以下时获得最大转矩，即增压器与柴油机按最大转矩工况参数匹配。发动机在高转速时，为了将增压压力和最高爆发压力及增压器转速限制在允许的范围以内，把发动机的部分排气或部分增压空气通过一个放气阀排掉，而使其在高负荷时的一段运行线近于水平线。

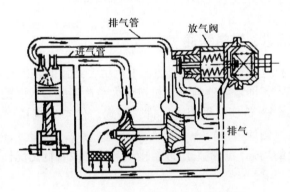

图4-12　带放气的涡轮增压系统简图

放气的方式目前主要有两种，即①将部分排气放入大气；②将部分增压空气放入大气。图4-13为一带放气阀的涡轮增压器，实行的是高工况放掉部分排气的方式。为了控制部件远离高温，采用一根较长的拉杆。放气门的启闭由增压压力自动控制。

高负荷时放排气以改善低负荷性能的措施，在船用大功率中速、超高增压柴油机中也有应用，但由于中速机中放气阀相对较大，在高温下容易发生问题，特别是烧重油情况下，阀的密封、堵塞或卡死故障更易发生。因此，在中速机中，采用放增压空气的措施较多。

从热力学观点来看，放增压空气比放排气更不理想，但实际上两者对油耗率的影响差别不大。在使用高效涡轮增压器时，泄放增压空气是解决高增压四冲程柴油机按螺旋桨特性工作时部分负荷问题的一个办法，而较少使用放排气的办法，主要原因是这样温度较低，机构可靠性好。

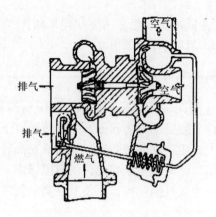

图 4-13 带放气的涡轮增压器

4.4.3 低工况进、排气旁通

低工况进、排气旁通的系统如图 4-14 所示，其目的是把增压系统调整到适合于最大功率点，即增压器与柴油机按最大负荷工况参数匹配；而在部分负荷时，如 20%~60% 负荷，采用进、排气旁通，使空气流量增大，借以避开压气机的喘振区。例如，16VPA6BTC 柴油机（p_{me} = 2.64MPa），当要求在低速时输出较大转矩的场合，就是采用进、排气旁通来改善低工况性能。

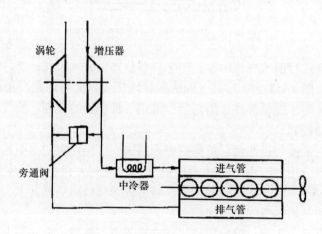

图 4-14 低工况进、排气旁通

120

4.4.4 变截面涡轮增压器

对于车用高速柴油机及某些超高增压中速柴油机，为了改进低工况性能，可采用高速时放气的措施，这是一种简单而安全的措施，但高工况经济性不好。近10多年来，发展了一种可变涡轮喷嘴环出口截面的涡轮增压器，简称变截面涡轮增压器。在发动机低速时，让喷嘴环出口截面积自动减小，使得流出速度相应提高，增压器转速上升，压气机出口压力增大，供气量加大；在高速时，让喷嘴环出口截面积增大，增压器转速相对减小，增压压力降低，增压不过量。

车用发动机一般功率不大，因此，大多用径流涡轮增压器，这给采用可变截面涡轮增压器带来方便。在有叶径流涡轮的情况下，可以采用改变喷嘴叶片安装角度的方法来改变喷嘴环出口截面积。图4-15为一有叶喷嘴变截面涡轮示意图。喷嘴叶片与齿轮相连，齿轮受齿圈控制，当执行机构来回移动时，齿圈往复摆动，通过啮合的齿轮，使得各喷嘴叶片改变角度，从而实现喷嘴环出口截面积相应变化的目的。在无叶喷嘴的情况下，可以在喷嘴环出口处用活动的挡板来调节喷嘴环出口截面积。图4-16为一轴向变截面涡轮示意图，其截面的变化由一轴向平行移动板控制。另一种变截面增压器是在涡轮进气零截面后加一可调喷嘴叶片，如图4-17所示，通过一舌形叶片的摆动来改变蜗壳的 A/R 值，使得发动机在低速时 A/R 值减小，从而提高涡轮转速，增加增压压力；在高速时，有较大的 A/R 值，减小流通阻力，发动机背压较低，充量系数提高。

采用变截面涡轮的优点是：①在不损害高转速经济性的条件下，增大低速转矩；②扩大了低油耗率的运行区；③使柴油机的加速性提高；④可以满足要求越来越高的排放和噪声规范等。

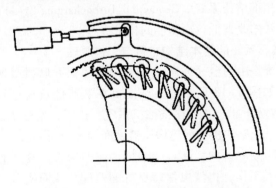

图4-15　有叶喷嘴变截面涡轮示意图

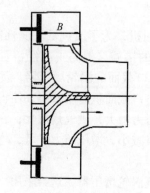

图 4-16　轴向变截面涡轮

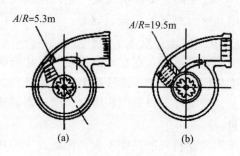

(a)　　　　　　　　　(b)

图 4-17　舌形变截面增压器蜗壳

要使可变截面涡轮达到实用化，必须满足：①从涡轮调节结构往外漏气应尽可能少，且当喷嘴面积改变、气流流向偏离时，不致使涡轮效率下降过多；②结构及操作系统简单，维修方便；③所有操作系统及结构具有较高的可靠性。

4.4.5　柴油机相继增压系统

4.4.5.1　概述

采用高增压系统的柴油机可以满足在额定工况点运行的要求。但对船舶推进主机来说，约有 90% 以上的时间是在低于额定功率 50% 的工况以下运行的，约占总燃油消耗量的 80% 以上。因此为获取全工况运行的良好性能，必须对增压系统进行改进。法国 SEMT 在 PA6 柴油机，德国 MTU 公司在 MTU396 柴油机上所开发的相继增压系统（Sequential Turbocharging System，STC），经实践证明是一种有效的改善低负荷特性的技术措施。

4.4.5.2　相继增压系统的基本结构布置与工作原理

相继增压系统是由两台（或两台以上）增压器并联供气所组成的增压系统，其结构布置如图 4-18 所示。当柴油机在低速低负荷运行时，只有一台（或数台称为基本增压器）工作向柴油机供气，这时，柴油机的排气全部集中供给基本增压器，使柴油机与涡轮增压器之间的配合得到改善，柴油机的运行线处于压气机的高效率区内。随着柴油机负荷的增大，其余的增压器（受控增压器）相继投入工作，仍然可保持良好的匹配，从而实现了全工况的优化匹配。

图 4-18 中所示为装有两台增压器的相继增压方案，A、B 两列排气管相

通，B列一侧排气管在涡轮前装有蝶形阀（受控环节）用以控制排气与增压器的接通与切断。在压气机前也有进气控制蝶阀。当柴油机在低负荷下运行时，蝶形阀关闭，这时B列的排气与A列的排气一起进入A列一侧的增压器（基本增压器），由A列增压器向两列气缸供气，B列增压器只有极少量废气进入，维持其处于空转状态，以便在负荷增大蝶形阀开启后，B列增压器（受控增压器）能迅速加速投入运行。这时两台增压器同时供气。

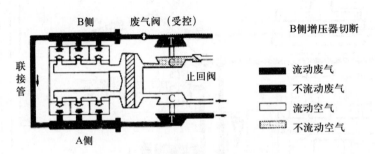

图 4-18　相继增压系统布置示意图

由此可见，相继增压系统实质上是一种非连续变化的变截面涡轮增压系统。它适用于V形排列多缸大功率柴油机，在低工况时切除了一侧的涡轮增压器，相当于涡轮截面减小了一半，这时废气的流量及热力参数均较低，但由于通流面积的减少，使涡轮前的压力仍能保持在较高的水平，使单只涡轮增压器能在较高的效率下运行，从而保证了所必需的空气量，有效地改善了低负荷时的燃烧过程质量。在PA6型柴油机上的试验结果也证实了这个结论。

4.4.5.3　相继增压系统的切换运行

在相继增压系统柴油机中，涡轮增压器与柴油机的匹配首先是在低负荷区选好匹配点，然后再通过控制增压器的相继投入来满足高负荷运行需要。即先从下部运行区入手，而传统的选配过程正好相反。为了实现合理的分区运行，就需要解决切换点的确定和切换机构的控制。

（1）涡轮增压器切换点的确定。作为船舶推进主机的涡轮增压柴油机是按推进特性运行的，其功率与转速之间呈二次或三次抛物线关系，而且常用负荷为额定负荷的50%以下。所以可选50%负荷点为切换点，同时由于柴油机的转速易于采集，故多作为控制信号（如PA机50%负荷处相对应的转速为749r/min）。

（2）控制机构。MTU柴油机相继增压系统的控制机构如图4-19所示。当柴油机的转速升高达到切换点时，设于顶部的电磁阀动作，使控制气路

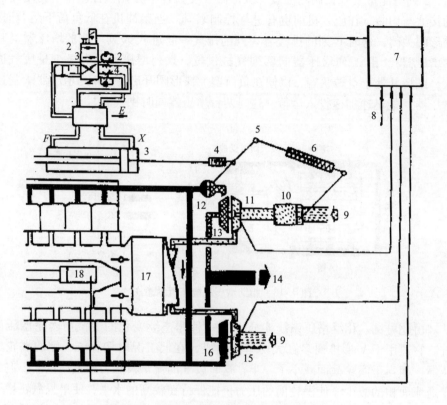

图 4-19　MTU 柴油机相继增压系统控制机构

1—紧急手动控制；2—4/2 式电磁阀；3—动力气缸；4—叉形连接杆；5—叉形控制杆；6—蓄压杆；7—电子控制装置；8—转速信号；9—空气进口；10—空气流量控制活门；11—增压器 B 的压气机；12—排气流量控制活门；13—增压器 B 的涡轮机；14—排出废气；15—增压器 A 的压气机；16—增压器 A 的涡轮机；17—空冷器；18—电子调速器。

中的压缩空气经 X 通道进入动力气缸，同时气缸中活塞背面 Y 通道与大气相通，这时活塞向左移动拉动控制杠杆，机构中设有缓冲器⑥，在杠杆运动之初，排气控制阀⑫先开启，这时压气机入口处的控制阀仍然关闭，排气控制阀开启后即有部分废气流入涡轮增压器 B 使其转子加速。此后压气机转动把入口控制阀背面的空气抽空，使之压力下降。这时入口控制阀开启，使受控涡轮增压器 B 投入运行。

当柴油机转速降至切换点时，电磁阀使控制器路中的压缩空气经 Y 通道进入动力气缸，同时活塞另一侧经 X 通道与大气相通，这时活塞向右移动，控制机构的拉杆将增压器 B 的排气控制阀和进气控制阀关闭，切断了进入涡轮增压器 B 的气路，此时压气机背面充满压缩空气，依靠与外界环境空气之间的压差，使入口空气阀保持关闭。

4.4.5.4　相继涡轮增压柴油机的实例

1）PA6 船用中高速柴油机（PA6-280STC）

1988 年，法国 S. E. M. T　Pielstick 公司开始研制一种适合于船舶推进用的相继涡轮增压柴油机，其结构及性能参数如表 4-1 所列。我国陕西柴油机厂与哈尔滨工程大学合作于 1998 年完成了同型机的研制。

表 4-1　16PA6V280 柴油机性能参数表

参数	MPC 机	STC 机
(S/D) /mm	280/290	280/290
N_e/kW	4710	5184
n/（r/min）	1000	1050
P_e/MPa	1.98	2.07
p_{max}/MPa	13.9	14.5
t_r/℃	495	495
t_t/℃	680	680
n_{tc}/（r/min）	≤28500	≤28500
g_e/（g/kW·h）	≤216.7	≤204
g_m/（g/kW·h）	≤1.36	≤2.3
烟度（Bosch）	≤1.5	≤1.5
增压器	VTC304	VTC304

采用常规涡轮增压系统（MPC）与相继增压系统（STC）时 PA6 机的运行工况对比如图 4-20 所示。

从图 4-20 中可以看出，采用相继涡轮增压系统（右图）后可使其工作范围显著扩大。采用一台涡轮增压器即可满足所有部分负荷（直至 50%）之运行需求。

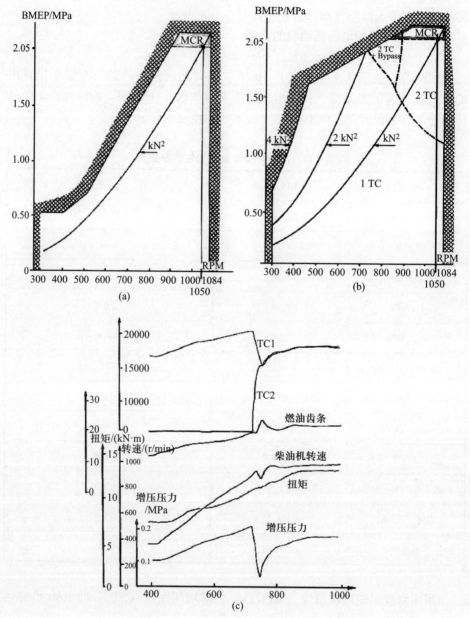

图 4-20　PA6STC 与 PA6MPC 柴油机运行工况对比图

　　在螺旋桨负荷工况下,当进行切换时有关参数的变化如图所示。在切换过程中增压压力的瞬时降低持续时间仅为 1.5s,转速在 0.5s 内下降 25r/min 左

126

右。因此，对发动机的性能没有明显的影响，过渡过程是比较平稳的。

两种发动机的燃油消耗率的比较如图 4-21 所示，从图中可以看出在部分负荷时采用相继增压具有明显的优越性。

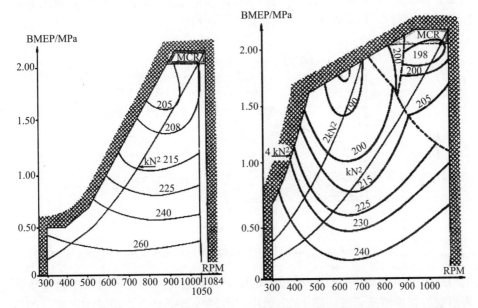

图 4-21　PA6STC 与 PA6MPC 柴油机全工况油耗对比图

根据我国对 PA6STC 柴油机研发的经验表明，采用相继增压系统，柴油机在部分负荷运行性能有明显的改善：

（1）在切换点（50% 负荷，794r/min 工况）时相继增压系统与常规增压系统相比，相继增压系统的燃油消耗率降低了 5.4g/（kW·h），进气压力上升了 0.013MPa，燃烧过量空气系数从 2.224 增加到 2.653，排气温度下降了 50℃，最高爆发压力虽有升高，但仍在允许范围之内。在 10% 负荷时，燃油消耗率从 260.7g/（kW·h）减少到 233.1g/（kW·h）；进气压力从 0.118MPa 提高到 0.138MPa。

（2）柴油机在低速大扭矩工况下，当 $n = 400 \sim 500$r/min 时，常规增压系统的增压压力为 0.115～0.1184MPa，导致过量空气系数只有 2.065～2.224，不能满足燃烧和扫气的需要，从而使涡轮前排气温度高达 850～890K，燃油消耗率为 240～274g/（kW·h）。采用相继增压系统时，在同样的转速范围内，燃油消耗率下降了 33.4～46.3g/（kW·h），进气压力在 400r/min 和 500r/min 时，分别达到 0.1335MPa 和 0.1667MPa，过量空气系数也达到了 2.586～2.691。

127

2）MTU 相继增压柴油机

　　MTU 柴油机首次相继增压试验是在一台 396-03 型机上进行的。试验结果如图 4-22 所示，从图中可以看出，柴油机在 85%～100% 负荷时使用两台增压器，低于 85% 时停掉一台增压器。采用相继增压后，在 50% 转速附近其使用范围由 $15\% N_e$ 扩大到 $45\% N_e$，即扩大了 3 倍。

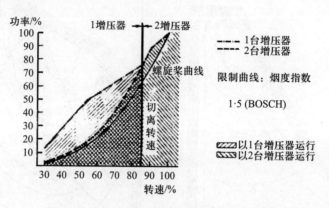

图 4-22　MTU396-03 柴油机 STC 试验运行图

　　MTU 还在其 396-04 及 538-03 型机上分别装有三台增压器和四台增压器所组成的相继增压系统。图 4-23 为由三台增压器所组成的相继增压系统的运行性能图，在全负荷运行时三组增压器同时工作，当负荷减少时，可依次关闭，相当于涡轮同流面积逐次减少 25%。

　　从图 4-23 中可以看出，通过增压器的接通或断开，可使高增压柴油机保持在距喘振线较远的高效率区运行。在部分负荷运行时，可以获得较高的扭矩及较低的燃油消耗率，并可得到较低的排气温度、较小的烟度和较好的加速性能。

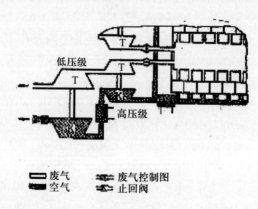

128

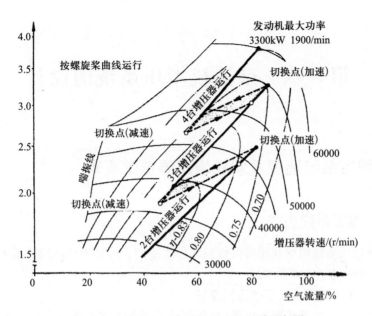

图 4-23　MTU396-04 柴油机 STC 试验运行图

第5章 柴油机增压系统的设计

5.1 增压系统选型及涡轮增压器选配要求

5.1.1 增压系统选型

涡轮增压系统根据利用排气能量的方式不同，可分为脉冲增压系统和定压增压系统两种基本结构形式。

5.1.1.1 脉冲增压（变压增压）系统

脉冲增压系统是无背压方案的实际应用。柴油机各缸排气分别由各自的排气管或由排气互不干扰的气缸的排气管组合成的排气管导入涡轮。这样可直接利用以压力波形式传递的能量，并可利用排气管内的压力波动来促进气缸的扫气，脉冲增压系统的排气过程如图5-1所示。

在理想情况下（图5-1（a）），排气阀瞬时开启至最大截面，废气瞬时充满排气管，气阀处无节流损失。

实际上（图5-1（b）），排气开始时，气缸与排气管之间有很大的压差，气阀的流通截面也是逐渐增大的，因此在气阀出口处会产生很大的节流损失。随着过程的进行，压差逐步减小，当排气管被废气充满后，排气管内的压力与气缸内压力的变化达到同步。

由此可见，在脉冲系统中采用小容积的排气管是比较有利的，它很快被充满，又很快被排空，这对于减少节流损失和实现气缸扫气是十分有利的。此外，利用排气管的压力波动也可以有助于加强气缸的扫气。

对压力波形态产生影响的主要有以下几个因素：

（1）$\phi_b = p_b/p_0$，表示排气开始时的气体状态的影响。ϕ_b 值越大，排气压力越高，则压力波越强。一般情况下，$\phi_b = 4 \sim 5$。

（2）$\phi_f = F_e/F_{max}$，表示排气阀开启规律的影响。如气阀开启速度快，则排气管充满速度加快，管内压力升高快，可减少节流损失。

（3）$\phi_a = (F_{max} \cdot a)/(V_s \cdot n/60)$，表示气缸排空速度的影响。分子表示气

130

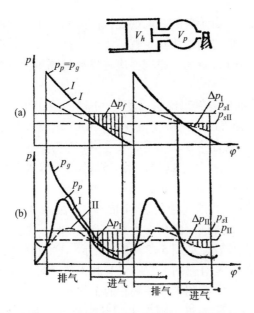

图 5-1　脉冲增压系统的排气过程示意图

阀截面处的最大流通能力，分母表示单位时间的气缸容积量。ϕ_a 值越大则表示气缸排空速度越快，排气管内压力升高速度也越快。

（4）$\phi_p = F_p/F_{max}$，表示排气管的截面积的影响。当排气管的长度一定时，ϕ_p 越小则排气管的容积也越小，易于充满及排空，有利于压力波增强。反之其值增大，则对减少涡流损失有利。

（5）$\phi_L = (n/60 \times 360) \cdot (2L)/a = 12L \cdot n/a$，表示压力波在排气管内往返一次所需的时间的影响。当存在压力波反射的情况下，管长 L 对压力波的形态有很大的影响。当排气管很长的情况下（$\phi_L \geq 240°CA$），压力波往返的时间远远超过了气缸排气的持续时间，因而对本缸的扫气没有影响。同时它与相邻排气缸的基本不相交，对减少该缸的节流损失有好处。但在转速变化后，则情况会有所变化。当 $50 < \phi_L < 240$ 时，则受压力波反射的影响，会对气缸扫气发生不良的作用，或导致泵气功的增大；当 $\phi_L \leq 30 \sim 50$ 时，即在短管的情况下，反射波很快返回，与本缸的基本波叠加，使之增强，从而可减少节流损失。综上所述，在脉冲系统上采用短管是比较有利的。

（6）$\phi_T = F_T \cdot a/(V_s \times n/60)$，表示涡轮通流能力的影响。由于压力波在涡轮进口端发生反射，尤其在采用短管的情况下会发生多次反射。当 ϕ_T 值较小时，会影响到压力波的幅值和形态，从而对气缸扫气及泵气功产生影响，一般

131

$\phi_T = 9 \sim 15$。

在多缸柴油机上，由于各缸之间的发火间隔角小于一缸的排气持续角，为了避免在排气管内各缸之间的相互干扰，需要对排气管进行分支，即将互不干扰的气缸连接在一根排气管上，原则上应将发火间隔角大于排气持续角的气缸连接在一根排气管上。

以6-135GZ柴油机为例来说明：发火间隔角为720/6=120°CA，发火次序为1-5-3-6-4-2，排气门开启持续角为290°CA，若所有气缸用一根排气管连接，则排气管内气体压力的波动如图5-2（a）所示。在第一缸排气开始经过120°CA后，第五缸开始排气。这样，第一缸的扫气阶段正好与第五缸的排气压力高峰期相重叠，对其产生干扰，影响扫气效果。为了避免这种不利现象，在六缸机上大多采用两根排气管分别与1，2，3缸及4，5，6缸相连接，这样，在每根排气管中的排气间隔角增大到240°CA时，虽然还稍有重叠，但相互干扰的情况已大大减轻，如图5-2（b）所示。这种分组方法，在发动机的气缸数为3的倍数时都是有效的。它不仅有利于消除对扫气的干扰，而且还能实现涡轮前的连续进气，有利于提高涡轮的工作效率。当发动机的气缸数目是非3的倍数时，如八缸柴油机，则需采用其他方案，如双脉冲、四脉冲方案等，但其效果均不如三脉冲系统。

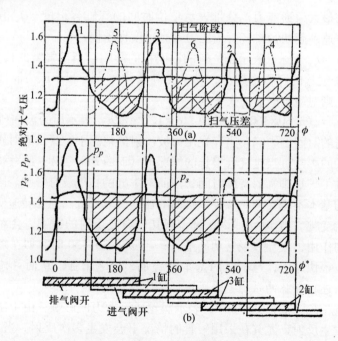

图5-2　6-135GZ柴油机排气压力

132

采用分支排气管对于废气能量传递效率的影响，如图 5-3 所示。图中从上到下依次表示排气管为直管、单支管（两缸共一根支管）、双支管（三缸共一根支管）时的废气能量传递效率随无因次管长 ϕ_L 的变化情况。

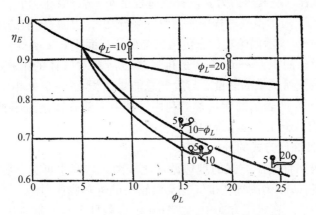

图 5-3　排气管分支对排气能量传递效率的影响

在直管的情况下，管长对能量传递效率的影响不大。当有分支的情况下传递效率急剧下降，且管长对其有明显的影响。

5.1.1.2　定压增压系统

定压增压系统是将柴油机各缸的排气汇入一根具有较大容积的排气总管，然后再导入涡轮的增压系统。定压系统的排气管容积较大，各缸排出的废气的动能在其中转化为压力势能，在其中建立起近乎恒定的压力，在能量转换中有

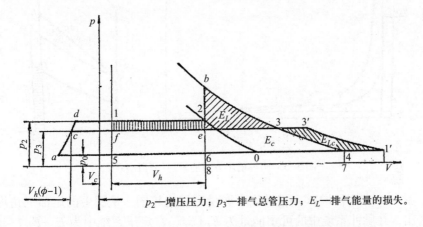

p_2—增压压力；p_3—排气总管压力；E_L—排气能量的损失。

图 5-4　排气管分支对排气能量传递效率的影响

一定的损失。但由于在涡轮前形成比较平稳的气流，有利于提高涡轮增压器的工作效率，在结构布置方面也比较简单，其排气能量利用情况如图5-4所示。

图5-4中面积 $0-1-2-d-a-5-0$ 为压气机（包括扫气空气）的压缩功，$1-2$ 是进气过程，进气压力为 p_2。排气过程是 $b-e-f$，背压为 p_3（部分堵压）。面积 $1-2-e-f-1$ 表示换气过程中所回收的泵气功。定压涡轮前的废气压力 p_3，面积 $a-c-3-4-a$ 表示涡轮功，它包括三个部分：面积 $a-c-f-5-a$ 是气缸扫气所提供的能量；面积 $f-e-6-5-f$ 是排气过程活塞对气体的推挤功；面积 $e-3-4-6-e$ 是废气所提供的能量。与废气总能量面积 $b-4-6-b$ 相比，则有相当于面积 $b-3-e-b$ 所表示的能量未被利用，其中一部分转化为热能面积 $3-3'-4'-4-3$，即相当于在定压系统中所回收的动能。

5.1.1.3　两种增压方式的分析比较

图5-5为两种增压方式的理想循环比较图，从图中可见，脉冲方式可利用废气的动能，$b-f$ 为废气在排气管及涡轮中的绝热膨胀过程，B 表示废气热量所对应的功量。在定压方式中，废气在定容条件下从气缸排出（$b-a$），然后这部分热量 q' 在定压条件下加热废气。从 $T-S$ 图上可以看出，采用脉冲系统的放热量（面积 $0-f-2-1-0$）小于定压系统的排热量（面积 $0-f'-2'-1-0$）。因此，在加热量相同的情况下，采用脉冲系统的柴油机热效率要高于采用定压系统的柴油机。

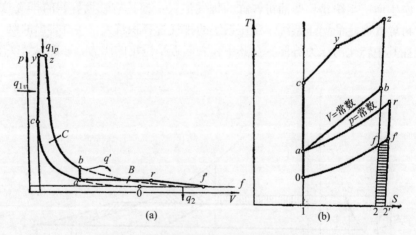

图5-5　两种增压方式的理想循环比较图

图5-6为两种增压方式排气中能量利用比较图，从图中的尾部三角形可以看出，在脉冲系统中的可用能量为 E_L+E_C，在定压系统中为 E_C+E_{LC}。其中 $E_L=C\Delta t$，这部分能量在定压系统中，通过涡流转化为热能使废气温度升高

Δt，从而使涡轮做功能力的增值为

$$E_{LC} = C_p \Delta t \left[1 - \left(\frac{p_0}{p_5} \right)^{\frac{k-1}{k}} \right] \tag{5-1}$$

在定压方式中所回收的脉冲能量的比例为

$$\frac{E_{LC}}{E_L} = 1 - \left(\frac{p'_0}{p_3} \right)^{\frac{k-1}{k}} \tag{5-2}$$

通常采用能量传递效率来表示排气管内废气能量损失的程度：

$$\eta_E = \frac{E_T}{E_C} \tag{5-3}$$

E_T 表示涡轮进口处气体的可用能量，E_C 表示排气门前气体的可用能量。计算表明，随着增压度的提高，定压系统的传递效率亦有所提高。

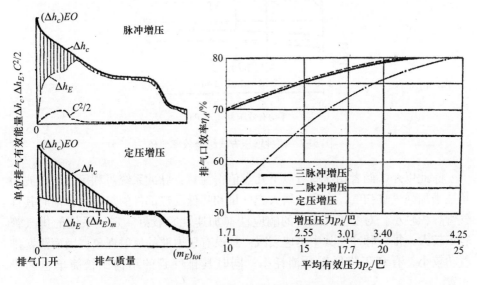

图 5-6　两种增压方式排气中能量利用比较图

在实际情况下，脉冲系统中废气能量是以压力波的方式在排气管内传递，其能量损失主要是由排气门处的节流引起的。定压系统中排气管内的压力基本保持不变，而且排气管内的气体平均温度亦可视为定值，故其可利用的废气能量基本保持为常数。另一方面，从涡轮中气体能量转换效率 η_T 来看，由于脉冲系统气体的能量输送是变化的，而定压系统则是稳定的，因而后者在涡轮中的能量转换效率要高于前者。

综上所述，废气涡轮增压系统的废气能量利用的有效程度应是 η_E 与 η_T 的

135

乘积，如图 5-7 所示。从图中可见，从某一压比开始（图中 A，B 点），定压系统将比脉冲系统更为优越，其中交点的位置取决于脉冲增压的具体形式。

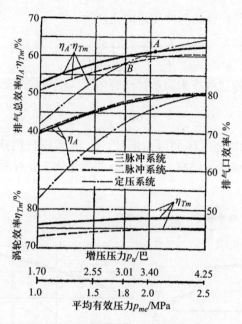

图 5-7　两种增压方式综合效率比较

除此以外，两者相比尚有以下几点值得注意：脉冲系统可利用其压力波动特性来加强气缸扫气，有利于增大充气量和降低受热部件的热负荷；同时其排气管容积较小，对变工况运行的响应性（加速性）较好。定压系统的排气管容积较大，排气脉冲在其中迅速衰减，且没有压力波的反射现象，因而活塞排气功较小，有利于降低燃油消耗率；同时其排气管的结构比较简单也易于布置。

5.1.1.4　脉冲转换器

当发动机的气缸数目不是 3 的倍数时，为避免排气压力波对气缸扫气的干扰可采用双脉冲系统（两个气缸与一根排气管连接），但不能保证涡轮进口处的全进气；为保持涡轮前的全进气则可采用四脉冲系统（四个气缸与一根排气管连接），但在这种情况下又不能完全消除各缸排气对相邻气缸扫气的干扰。脉冲转换器的设想就是既保持脉冲系统的优点，又能实现涡轮全进气，提高涡轮的工作效率。脉冲转换器是 1954 年由美国人比尔曼（Birmann）首先提出的。

脉冲转换器的基本结构如图 5-8 所示。各缸通过加长的支管与脉冲转换器相连，连接处做成收缩形喷管，脉冲转换器的末端呈渐扩形与涡轮进口连接。

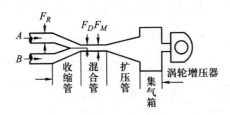

图 5-8　脉冲转换器

脉冲转换器的基本工作原理为：各缸的排气脉冲先在支管中转化成动能，然后进入混合管。先后进入的各股气流轮流地成为合并推动的气流，形成引射的效果，可促进气缸的扫气。各缸气流在混合管中汇合后，通过扩压段减速升压，进入集气箱，使排气稳定、连续地流入涡轮。脉冲转换器所连接的气缸数目越多，气流就越稳定。

瑞士 BBC 公司及 SULZER 公司于 1956—1962 年间对脉冲转换器进行的理论研究及实机试验表明，在脉冲气流的转换过程中伴随有巨大的能量损失，在扩压器中尤其严重，而且只有当集气箱的容积很大时（$V>2.5Vs$）脉冲转换器的引射作用才比较明显。因此认为在涡轮实现连续进气的情况下，将排气压力波直接传递给涡轮其作用将更为有利。于是将扩压管和集气箱取消，效果会更好，从而将原始的脉冲转换器简化为 Y 形管。

在这种情况下，为避免压力波对扫气的干扰，在排气管长度、发动机转速 n、进排气门同开角之间就存在着一定的制约关系，一般距离涡轮最远的气缸的排气管长度应满足 $\phi_L \geq 40 \sim 60°CA$ 的要求，这个数值相当于从气阀开启到排气支管形成压力波峰所需的时间。我国自行研制的新 8-300 型柴油机曾对脉冲转换器进行过配机试验和使用，其增压系统结构及排气压力波的变化情况如图 5-9 所示。

5.1.1.5　多脉冲转换系统

多脉冲转换系统就是各缸排气分别导入涡轮前的混合稳压器中，然后再进入涡轮机。这样既保持了脉冲系统利用压力波动对气缸扫气和能量传递的优点，又能在涡轮前保持平稳的进口压力，有利于提高涡轮的工作效率。它的设计思想是增大涡轮喷嘴面积，使压力波在涡轮端实现无反射通过，以消除由于压力波反射对扫气的干扰作用（一般情况下，涡轮前连接的气缸数超过 5 ~ 7

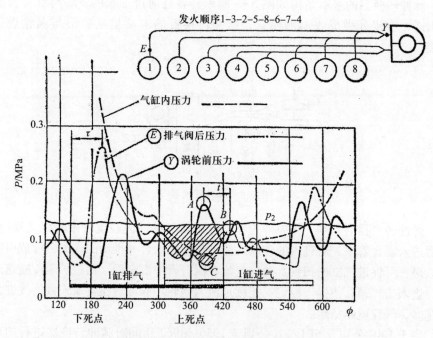

图 5-9 脉冲增压系统结构及排气压力波

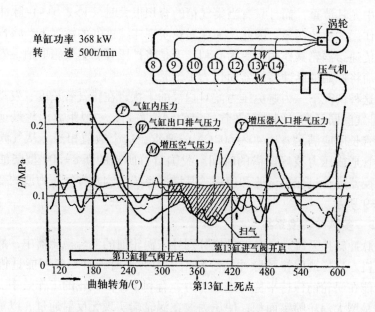

图 5-10 多脉冲增压系统结构及排气压力波

138

个即可实现），如图 5-10 所示。这样就解除了脉冲转换器系统对排气管长度、气门同开角及发动机转速之间的约束关系。从这个角度来看，多脉冲系统是脉冲转换器系统的一种改进与发展。

综上所述，多脉冲系统在结构上把脉冲系统的 Y 形转换器变成为多进口的花瓣形转换器在一定程度上保留了引射作用；采用长而细的排气管道，保持了脉冲系统能量传递效率高及对工况变化响应性好的优点；无压力波反射消除了对气缸扫气的干扰；涡轮进气均匀连续，提高了工作效率。

多脉冲系统是由 BBC 公司于 1973 年提出的。此后，意大利、日本、法国、匈牙利等国也进行了研究，并在 1977 年举行的第 12 届国际柴油机会议上发表了相关的研究成果。我国铁道科学研究院、唐山机车厂等单位于 1975 年开始研究并于 1976 年在 8240 柴油机上进行了试验。

5.1.1.6 模件式脉冲转换系统

模件式脉冲转换系统（Modular Pulse Convertor System，MPC）是一种在多脉冲系统基础上发展而来的单排气管结构系统。它是由法国热机研究所提出的一种兼有脉冲及定压系统优点且结构简单、性能良好的涡轮增压系统，其结构如图 5-11 所示。其特点可归纳为：

（1）各个气缸利用一段具有收缩形的引射短管（相当于脉冲转换器）与小直径的排气总管制成模件式元件，各元件相连形成整体总管，制造及维修均很简便。

（2）由一根排气总管与涡轮进气口相连接，可实现涡轮全进气（时间及空间）。

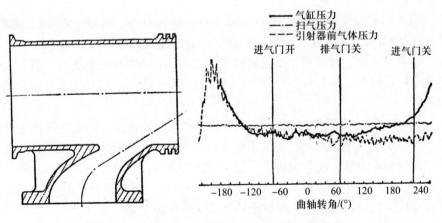

图 5-11 模件式脉冲转换系统结构及排气压力

（3）各缸的排气脉冲在支管中转换为动能使排气总管中的气流加速，并可抑制反射波对气缸扫气的干扰。

（4）引射管相当于一个小直径的短管，排气开始后管内压力迅速升高，使节流损失下降，并由于反射波的削弱，管内压力脉冲迅速降低，有利于减小排气推挤功。

MPC 系统由于其结构简单、性能优越，获得了广泛的重视，已被应用在法国 PA6 型及中国的 240 型柴油机上。

由于 MPC 系统排气总管的容积较小，通过短引射管时的脉冲能量的转换也是不完全的，因而在排气总管内还存在着一定的压力波动。为了防止总管内的压力波动形成在支管内的气体倒流，影响扫气，MPC 系统采用了收缩喷管的形式，以减小反射波的影响。但收缩喷口的面积过小，将会增大排气门出口处的压力，使排气流动不通畅，从而使扫气功（正功）减小。因此，随着增压度的提高，把收缩形的短管（脉冲转换器）取消，改为长支管定压系统，即各缸按发火顺序用细而长的排气支管以较小的交角插入一个混合管（排气总管）中，这样即可解决扫气干扰和扫气泵气功减少的问题，仍可实现涡轮的单进口连续进气。

后来，在涡轮增压器的效率有较大幅度的提高情况下，进气管与排气管之间的压差增大，有利于扫气过程的组织，又出现了长支管采用渐扩形（扩张角为 6°～10°），这样可使脉冲的峰值减弱，对相邻排气气缸扫气的干扰也减弱；同时采用高增压后进排气门的同开角有所减小，使干扰减轻，长支管系统更接近于定压系统。

5.1.1.7 MSEM 系统

模件式单排气总管增压（Modular Single Exhaust Manifold，MSEM）系统，主要包括 MPC、长歧管、旋流、扩压、组合式五种不同形式，如图 5-12 所示。该系统结构比较简单，不论缸数多少，均只有一根单一的排气总管，且管径比定压系统小，排气管系尺寸小、质量轻、便于布置，适用于各种缸数的柴油机。

MSEM 系统兼顾脉冲增压系统和定压增压系统的优点，涡轮前的压力波动小，近于定压系统，因此涡轮效率较高。排气总管直径较定压系统小，且各缸排气歧管顺着总管气流方向进入，使部分脉冲能量以速度能形式进入总管及涡轮，排气能量传递效率较高，在约 60% 负荷以下的低工况性能近于脉冲增压系统而优于定压系统，高工况性能则优于脉冲而近于定压系统。

比较而言，应用较多的当属 MPC 系统。这种结构在每个气缸排气口上都安装了一个脉冲转换串接件，排气总管只有一个。其外形非常像定压系统，但排气总管的直径小，只有气缸直径的 60%～70%。串接件中缩口面积只有排气门最大开启面积的 40% 左右。歧管向涡轮方向倾斜 30° 左右，这样从排气门出来的最初气体脉冲被喷口堵留在气缸盖上小容积的排气道内，通过喷口时转换成速度。这个速度传给了截面较小的排气总管内有一定速度的气体。这样，在排气总管里不会发生强的脉冲波。由于气缸出口脉冲势能的作用，使排气总管里的燃气不断加速，燃气的速度在排气总管出口部分转换成压力能，所以这种方法可以降低排气总管内的静压。这样，在气缸扫气时不仅压差大，而且排气总管内的压力波动小，使扫气量加大。

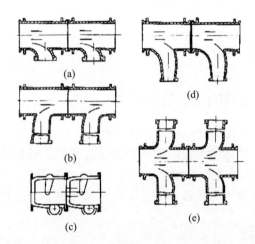

图 5-12　MSEM 增压系统

(a) MPC；(b) 长歧管式；(c) 旋流式；(d) 扩压式；(e) 组合式。

各种增压系统的特点及适用范围如表 5-1 所列。各种增压系统运行性能及可靠性的比较如表 5-2 所列。

表 5-1　各种增压系统的特点及适用范围

增压方式	适用缸数	适用 p_e 范围	适用柴油机种类
脉冲系统	6, 12 8, 16	$p_e \leqslant 20$（三脉冲） $p_e \leqslant 13 \sim 15$（双脉冲）	低、中、高速机 （4、5、7 缸不适用）
脉冲转换器系统	8, 16	$p_e \geqslant 13 \sim 15$	非 3 倍数缸，中、中高速
定压系统	6, 12 5, 7	$p_e \geqslant 20$ $p_e > 15$	

表 5-2　各种增压系统运行性能及可靠性的比较

	双脉冲	三脉冲	脉冲转换器	多脉冲	定压	模件式组合
全负荷扫气	+ + +①	+ + +	+ +②	+③	+	+
部分负荷扫气	+ + +	+ + +	+	-④	- -	-
加负荷能力	+ + +	+ + +	+ +	+	-	+
部分负荷油耗	+	+	+	+	-	+ +
全负荷油耗	- -	-	+	+ +	+	+ + +
叶片振动	- - -	-	+	+ +	+ + +	+ +
气缸数适应性	-	-	-	+	+ +	+ +
结构及可靠性	-	-	-	-	+	+ + +
部分负荷压比及排气门温度	+ + +	+ + +	+	- -⑤	- - -⑥	-

5.1.2　涡轮增压器的选配基本要求

为柴油机选配涡轮增压器时,一般应满足以下要求:

(1)柴油机应能达到预定的功率和经济性指标;涡轮增压器应能供给柴油机所需的增压压力和空气流量。

(2)涡轮增压器应能在各种工况下稳定地工作,压气机不应出现喘振和堵塞现象。

(3)涡轮增压器应在柴油机各种工况下都能高效率地运行。柴油机和涡轮增压器的联合运行线应穿过压气机的高效率区,且应尽可能和压气机的等效率曲线相平行。

(4)涡轮增压柴油机在各种工况都能可靠地工作。如涡轮增压器在柴油机满负荷时不出现超速,柴油机不出现排气超温,涡轮进气管处不超温等。

要满足上述要求,必须选择合适的涡轮增压器型号,使涡轮增压器与柴油机有良好的配合性能。在柴油机与涡轮增压器匹配时,一般要对柴油机和涡轮增压器的某些参数做必要的调整,才能获得良好的配合。改变柴油机的某些参数可以使联合运行线的位置发生变化;改变涡轮增压器的某些参数也可以使联合运行线和喘振线位置发生变化。

5.2　增压参数的计算

在设计增压系统时,首先要对空气流量、增压压力等参数进行估算。确定增压参数的合理顺序为：从柴油机的增压度出发确定所需达到的增压压力；然后确定空气流量 Gs 及燃气流量；再根据燃烧及热负荷，确定涡轮前的废气温度 T_T；最后确定排气管中废气的平均压力 p_T 及涡轮通流截面 F_T。利用这些参数就可以选定适合的增压器。

5.2.1　增压压力的选定

单位时间内通过柴油机的空气量为

$$G_e = \frac{p_s \times 10^4}{RT_s} \eta_v \frac{\varphi V_s i}{10^5} \frac{n}{60 \times 2} (\mathrm{kg/s}) \tag{5-4}$$

涡轮增压系统供给柴油机提高功率所需的空气量为

$$G_s = \frac{g_e N_e \alpha \varphi_0 L_0}{3600 \times 10^3} (\mathrm{kg/s}) \tag{5-5}$$

令

$$G_s = G_e$$

经简化后可得

$$p_s = \frac{(\alpha\varphi) p_e T_s g_e}{645(\eta_v \varphi)} \tag{5-6}$$

在估算时要用到一些参数的经验值，可根据相近类型的发动机来选取，如统计资料表明，$n = 1500\mathrm{r/min}$ 时，高速柴油机的 $\eta_v \varphi = 1.11 \sim 1.16$，中速机为 $1.20 \sim 1.25$。

5.2.2　增压空气的温度

空气在压缩机中被压缩到 p_s 时，相应的温度为

$$T_{s1} = T_0 + \frac{T_0\left[\left(\frac{p_s}{p_0}\right)^{\frac{k-1}{k}} - 1\right]}{\eta_C} \tag{5-7}$$

经过中冷器后，得

$$T_{s2} = T_{s1} - \Delta T$$

5.2.3　空气流量及废气流量的确定

增压压力确定后即可利用式（5-4）计算得到空气流量。

燃气流量：

$$G_T = G_s + g_T$$

$$g_T = \frac{g_e N_e}{3600}$$

代入后可得

$$G_T = \frac{g_T N_e}{3600}(\alpha \varphi L_0 + 1) \tag{5-8}$$

5.2.4 涡轮前废气温度 T_T

废气温度是废气内能大小的标志，由于涡轮叶片的强度所限，因而温度 T_T 成为限制增压度提高的一个重要因素。T_T 通常可采用以下两种方法之一来进行估算。

在定压系统中，排气管的容积很大，气体流动稳定，气体动能在管中转化为热能。如果不考虑向管壁的散热，则可做如下处理。在排气的第一阶段（等容排气 b-e）所放出的热量，在第二阶段（等压排气 e-r）又全部加给了废气。据此可得

$$C_v(T_b - T_e) = C_p(T_r - T_e)$$

令

$$\frac{C_p}{C_v} = n$$

则

$$T_r = \frac{T_b + T_e(n-1)}{n}$$

在等容过程中有

$$T_e = T_b \frac{p_e}{p_b}$$

在等压过程中有

$$p_e = p_T$$

则

$$T_e = T_b \frac{p_T}{p_b}$$

代入后可得

$$T_r = \frac{T_b}{n}\left[1 + \frac{p_r}{p_b}(n-1)\right] \tag{5-9}$$

这是理论上涡轮前的废气温度（$T_T = T_r$），实际上在排气管中只有部分动能转化为热能，故较估算值稍低，一般情况下，T_T 约比 T_e 高 $50 \sim 80 \text{℃}$。

式（5-9）计算所得为纯燃气的温度，如考虑扫气空气（温度为 T_s）的掺混，则涡轮前废气温度降低为

$$T'_r = \frac{T_r + (\varphi - 1) T_s}{\varphi} \qquad (5 - 10)$$

估算废气温度的另一种方法为热平衡法。这种方法的特点是不需要借助于缸内过程的计算结果，只需要根据流进和流出气缸的气体参数，建立能量平衡式就可以估算 T_T。

$$\xi_T H_u - \frac{3600}{g_e \eta_m} + \alpha \varphi_s L_0 (\mu c_p)_s T_s = (\alpha \varphi_s - 1 + \beta_0) L_0 (\mu c_p)_T T_T \quad (5 - 11)$$

式中：ξ_T 为涡轮前热利用系数；Hu 为柴油低发热量；g_e 为有效耗油率；η_m 为柴油机机械效率；α 为燃烧过量空气系数；φ_0 为扫气系数；L_0 为理论上燃烧 1kg 柴油所需要的空气量（$L_0 = 0.495 \text{kmol/kg}$）；$T_s$ 为进气管中的空气温度；(μc_p) 为在 T_s 时空气平均定压摩尔比热容。

$$(\mu c_p) = 6.59 + 0.006 T_s$$

$$(\mu c_p)_T = 1.986 + \frac{4.89 + (\alpha \varphi_0 - 1) 4.6}{\alpha \varphi_0} + \frac{86 + (\alpha \varphi_0 - 1) 60}{\alpha \varphi_0 10^5} T_T$$

$$\xi_T = 1.02 - 0.001 R$$

$$R = \frac{(\alpha g_i)^{0.5} T_s C_m^{0.78}}{(Dn) (Dp_s)^{0.22}}$$

此式适用于中高速柴油机。

5.2.5　涡轮前气体平均压力

对于定压系统，涡轮前的废气平均压力可从压气机与涡轮机之间的功率平衡式求出：

$$\frac{G_s}{75} \cdot \frac{k}{k - 1} R T_0 \left[\left(\frac{p_s}{p_0} \right)^{\frac{k-1}{k}} - 1 \right] \frac{1}{\eta_C}$$

$$= \frac{G_T}{75} \cdot \frac{k_T}{k_T - 1} R_T T_T \left[1 - \left(\frac{p'_0}{p_T} \right)^{\frac{k_T-1}{k_T}} \right] \eta_T \qquad (5 - 12)$$

式中：$k_T = 1.33$；$k = 1.4$；$R_T = 29.2$；$R = 29.27$。

计算所得出的参数可以满足以下要求：

（1）保证柴油机所需的空气量。

（2）涡轮与压气机实现功率平衡，保持稳定运转。

根据计算结果，可选用适当型号的涡轮增压器，进而可进行与柴油机的配机计算。

5.3 涡轮增压柴油机热力过程及排气管计算的容积法模型

5.3.1 柴油机气缸热力过程计算模型

在预测柴油机性能进行气缸内热力过程计算时，经常采用容积法（Filling and Emptying Method）。容积法模型假定气缸内的工质在任一瞬间都是混合均匀，即各处的工质成分、压力和温度都是相同的。气体的状态可以用质量（m）、温度（T）及压力（p）来表示，整个热力过程可以用能量方程、质量方程和状态方程联系起来加以描述，即

$$\frac{\mathrm{d}(m_z U_z)}{\mathrm{d}\varphi} = \frac{\mathrm{d}Q_f}{\mathrm{d}\varphi} + \frac{\mathrm{d}m_s}{\mathrm{d}\varphi}I_s - \frac{\mathrm{d}m_e}{\mathrm{d}\varphi}I_e - \frac{\mathrm{d}Q_w}{\mathrm{d}\varphi} - p_z\frac{\mathrm{d}V_z}{\mathrm{d}\varphi} \tag{5-13}$$

$$\frac{\mathrm{d}m_z}{\mathrm{d}\varphi} = \frac{\mathrm{d}m_s}{\mathrm{d}\varphi} - \frac{\mathrm{d}m_e}{\mathrm{d}\varphi} + g_f\frac{\mathrm{d}x}{\mathrm{d}\varphi} \tag{5-14}$$

$$p_z V_z = m_z R_z T_z \tag{5-15}$$

能量方程式的含义为：气缸中的工质内能变化是由喷入燃油的燃烧热量、进入气缸新鲜空气带入的热量、废气排出带走的热量、工质与缸套、缸盖、活塞进行热交换的热量以及传给活塞的机械功的热当量共同作用，气缸热力计算模型如图5-13所示。

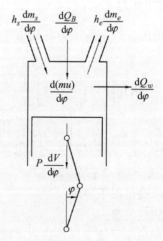

图 5-13 柴油机缸内工作过程计算模型

缸内热力过程计算的目的，首先是要算出缸内的压力变化及温度变化，从

而估算出循环功和循环的热效率。计算的方法有两种：一种是先算出缸内的压力增量及下一步长的缸内压力，然后再用状态方程算出缸内气体的温度；另一种方法是先算出温度增量及下一步长的缸内气体温度，然后再用状态方程算出缸内气体的压力。在实际上常采用后一种方法。具体的计算过程在所有的柴油机原理书中都有详细的描述，此处不再赘述。

5.3.2 排气系统中气体状态参数的计算

大功率柴油机中常用的定压系统，也可用容积法来计算，与缸内过程不同之处有以下几点：

(1) 排气管的容积是不变的（V_B = 常数）。

(2) 多缸排气进入同一排气管时，气体的成分可以认为是不随时间而变的。

(3) 因为排气管中气体的温度及成分的变化比气缸内的变化小得多，因而可取 R_B = 常数。

(4) 在排气管内气体不对外做功，即 $p_B \dfrac{\mathrm{d}V_B}{\mathrm{d}\varphi} = 0$。

排气管内的能量方程、质量方程和状态方程如下：

$$\frac{\mathrm{d}(m_B U_B)}{\mathrm{d}\varphi} = \sum_{i=1}^{n}\left(\frac{\mathrm{d}m_e}{\mathrm{d}\varphi}I_e\right)_i - \sum_{j=1}^{m}\left(\frac{\mathrm{d}m_T}{\mathrm{d}\varphi}I_T\right)_j - \frac{\mathrm{d}Q_{WB}}{\mathrm{d}\varphi} \tag{5-16}$$

$$\frac{\mathrm{d}m_B}{\mathrm{d}\varphi} = \sum_{i=1}^{n}\left(\frac{\mathrm{d}m_e}{\mathrm{d}\varphi}\right)_i - \sum_{j=1}^{m}\left(\frac{\mathrm{d}m_T}{\mathrm{d}\varphi}\right)_j \tag{5-17}$$

$$p_b V_B = m_B R_B T_B \tag{5-18}$$

式中：$\displaystyle\sum_{i=1}^{n}\left(\frac{\mathrm{d}m_e}{\mathrm{d}\varphi}I_e\right)_i$ 为几个气缸的排气依次进入同一根排气管，其叠加是按一定的排气相位差进行的，具体做法是用前一循环算出的 $\dfrac{\mathrm{d}m_e}{\mathrm{d}\varphi} = f(\varphi)$ 规律，移动一个发火间隔角作为下一个发火气缸的排气变化规律，以此类推。$\displaystyle\sum_{j=1}^{m}\left(\frac{\mathrm{d}m_T}{\mathrm{d}\varphi}I_T\right)_j$ 为通过涡轮的废气排出流量；I_T 为涡轮前气体的焓 $I_T = (c_{VmB}+R_b)T_B$；$\dfrac{\mathrm{d}Q_{WB}}{\mathrm{d}\varphi}$ 为通过气缸盖排气道，排气管及涡轮进口涡壳的散热率。

从能量方程可得到排气管中气体温度变化率的关系式为

$$\frac{\mathrm{d}T_B}{\mathrm{d}\varphi} = \frac{1}{c_{VB}m_B}\left[\sum_{i=1}^{n}\left(\frac{\mathrm{d}m_e}{\mathrm{d}\varphi}I_e\right)_i - \sum_{j=1}^{m}\left(\frac{\mathrm{d}m_T}{\mathrm{d}\varphi}I_T\right)_j - \frac{\mathrm{d}Q_{WB}}{\mathrm{d}\varphi} - c_{VmB}T_B\frac{\mathrm{d}m_B}{\mathrm{d}\varphi}\right] \quad (5-19)$$

式中：$\dfrac{\mathrm{d}Q_{WB}}{\mathrm{d}\varphi}$的计算比较复杂，在排气管无冷却的情况下，可不考虑排气管壁的散热，但必须考虑缸盖排气管道的散热，其散热量约为传给缸壁总散热量的10%，即约占燃油发热量的1%；涡轮进口蜗壳在有冷却的情况下，也要散出占燃油发热量的1%左右；$\dfrac{\mathrm{d}m_e}{\mathrm{d}\varphi}I_e$的相应时刻的数值就是缸内热力过程计算的值，因此，排气管中热力过程的计算必须与气缸内的热力计算同时进行，联立求解。图5-14为排气管热力计算模型。

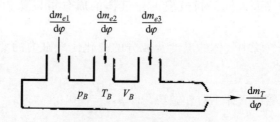

图5-14　排气管热力计算模型

5.3.3　用修正容积法对 MPC 系统的计算

一般的容积法只考虑压力、温度和质量等三个变量，而认为速度等于零。但在 MPC 系统中，排气支管内的脉冲，通过脉冲转换器喉口转化为速度动能进入排气总管，由于动量交换的结果，使总管内的气体加速，因而管内气体的动能变化已不能忽略。修正容积法对容积内气体状态用压力、温度、质量和速度等四个参数加以描述。对相邻两个容积之间发生的热力过程，用质量传递、能量传递和动量传递等过程来描述。

根据修正容积法的原则，对 MPC 系统建立的物理模型如图5-15所示。气

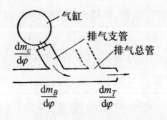

图5-15　MPC 系统修正容积法计算模型

缸、排气支管及排气总管为三个容积，其间的排气阀边界、脉冲转换器边界和涡轮边界均简化为喷嘴边界。

5.3.3.1　排气总管内气体状态表达式

（1）能量方程：

$$\frac{\mathrm{d}}{\mathrm{d}\varphi}\left(m_B U_B + m_b \frac{v_B^2}{2}\right) = \sum_{i=1}^{n}\left(I_C \frac{\mathrm{d}m_C}{\mathrm{d}\varphi}\right)_i - \left(I_B + \frac{v_B^2}{2}\right)\frac{\mathrm{d}m_T}{\mathrm{d}\varphi} - \frac{\mathrm{d}Q_{WB}}{\mathrm{d}\varphi}$$

式中：等式左边为排气总管内总能量的变化。等式右边依次为：各支管在同一时间内流入总管的能量总和；流出排气总管的能量；排气总管的散热量。为了得到便于计算的形式，将等式的左边展开，并略去排气总管内废气成分随曲轴转角的变化及气体内能随成分的变化，经整理后可得

$$\frac{\mathrm{d}T_B}{\mathrm{d}\varphi} = \frac{1}{m_B c_{VB}}\left[\sum_{i=1}^{n}\left(I_C \frac{\mathrm{d}m_C}{\mathrm{d}\varphi}\right)_i - \left(I_B + \frac{v_B^2}{2}\right)\frac{\mathrm{d}m_T}{\mathrm{d}\varphi} - \frac{\mathrm{d}Q_{WB}}{\mathrm{d}\varphi}\right.$$

$$\left. - \left(c_{VB}T_B + \frac{v_B^2}{2}\right)\frac{\mathrm{d}m_B}{\mathrm{d}\varphi} - m_b v_B \frac{\mathrm{d}v_B}{\mathrm{d}\varphi}\right] \qquad (5-20)$$

（2）动量方程：

$$\frac{\mathrm{d}}{\mathrm{d}\varphi}(m_B v_b) = \sum_{i=1}^{n}\left(\frac{\mathrm{d}M}{\mathrm{d}\varphi}\right)_i - v_B \frac{\mathrm{d}m_T}{\mathrm{d}\varphi} - \xi \frac{v_B^2}{6n}$$

式中等式左边为排气总管内气体动量的变化。右边依次为各支管在同一时间流入排气总管在管长方向的动量变化；流出排气总管的动量由于摩擦散热等引起的速度损失，其中系数 ξ 只取决于管长及壁面粗糙度。经整理后可得

$$\frac{\mathrm{d}v_B}{\mathrm{d}\varphi} = \frac{1}{m_B}\left[\sum_{i=1}^{n}\left(\frac{\mathrm{d}M}{\mathrm{d}\varphi}\right)_i - v_B \frac{\mathrm{d}m_T}{\mathrm{d}\varphi} - \xi \frac{v_B^2}{6n} - v_B \frac{\mathrm{d}m_B}{\mathrm{d}\varphi}\right] \qquad (5-21)$$

（3）质量方程：

$$\frac{\mathrm{d}m_B}{\mathrm{d}\varphi} = \sum_{i=1}^{n}\left(\frac{\mathrm{d}m_C}{\mathrm{d}\varphi}\right)_i - \frac{\mathrm{d}m_T}{\mathrm{d}\varphi} \qquad (5-22)$$

（4）状态方程：

$$p_b V_B = m_b R_B T_B \qquad (5-23)$$

5.3.3.2　脉冲转换器的边界条件

在脉冲转换器边界存在有正向流动和反向流动两种不同的情况，须分别加以处理。

（1）正向流动。从排气支管流向排气总管，此时其上游为排气支管，流动可视为一维绝热等熵准稳定流动。这时气体流速为

临界流动 $\qquad\qquad v_C = \sqrt{\dfrac{2k_C}{k_C+1}R_C T_C} \qquad (5-24)$

149

亚临界流动 $\qquad v_C = \sqrt{\dfrac{2k_C}{k-1}R_C T_C \left[1-\left(\dfrac{p_B}{p_C}\right)^{\frac{k_C+1}{k_C}}\right]}$ $\qquad$ (5-25)

质量传递 $\qquad \dfrac{\mathrm{d}m_C}{\mathrm{d}\varphi}=\dfrac{\mu F_C}{6n}v_C p_C$ $\qquad$ (5-26)

动量传递 $\qquad \dfrac{\mathrm{d}M}{\mathrm{d}\varphi}=v_C \dfrac{\mathrm{d}m_C}{\mathrm{d}\varphi}\cos\alpha$ $\qquad$ (5-27)

能量传递 $\qquad I_C \dfrac{\mathrm{d}m_C}{\mathrm{d}\varphi}=c_{pB}T_B \dfrac{\mathrm{d}m_C}{\mathrm{d}\varphi}$ $\qquad$ (5-28)

（2）反向流动。由排气总管流向排气支管，此时上游为排气总管。由于反向流动的流速不大，故只需考虑亚临界流动。反向流动的情况比较复杂，因为上游是接头边界区，流动不是一维的，而且气流方向发生突变，会引起碰撞、涡流及摩擦等损失。但是由于反向流动时，压差(p_B-p_C)不是很大，可做以下近似处理：① 气体通过喷嘴的流速按等熵流动计算，然后用速度损失系数 ξ（$\xi<1$）进行修正；② 流向排气支管的气体，其动量的改变认为等于排气总管内的损失。

根据上述假定，可得到反向流动的边界条件如下：

气体流速 $\qquad u_C = -\xi \sqrt{\dfrac{2k_B}{k_B-1}R_B T_B \left[1-\left(\dfrac{p_C}{p_B}\right)^{\frac{k_B-1}{k_B}}\right]}$ $\qquad$ (5-29)

质量传递 $\qquad \dfrac{\mathrm{d}m_c}{\mathrm{d}\varphi}=\dfrac{\mu F_C}{6n}u_C p_B$ $\qquad$ (5-30)

动量传递 $\qquad \dfrac{\mathrm{d}M}{\mathrm{d}\varphi}=u_B \dfrac{\mathrm{d}m_C}{\mathrm{d}\varphi}$ $\qquad$ (5-31)

能量传递 $\qquad I_C \dfrac{\mathrm{d}m_C}{\mathrm{d}\varphi}=c_{VB}T_B \dfrac{\mathrm{d}m_C}{\mathrm{d}\varphi}$ $\qquad$ (5-32)

5.3.3.3 涡轮边界条件

通过涡轮的气体流动要考虑到排气总管内气体的流动速度，其能量传递包括动能项。

质量传递 $\dfrac{\mathrm{d}m_T}{\mathrm{d}\varphi}=\dfrac{\mu_T F_T}{6n}\sqrt{\dfrac{2k_B}{k_B-1}\dfrac{p_B^2}{R_B T_B}\left[\left(\dfrac{p_{T_0}}{p_{B_0}}\right)^{\frac{2}{k_B}}-\left(\dfrac{p_{T_0}}{p_{B_0}}\right)^{\frac{k_B-1}{k_B}}\right]}$ $\qquad$ (5-32)

能量传递 $I_T \dfrac{\mathrm{d}m_T}{\mathrm{d}\varphi}=\left(I_B+\dfrac{u_B^2}{2}\right)\dfrac{\mathrm{d}m_T}{\mathrm{d}\varphi}$ $\qquad$ (5-33)

150

5.3.3.4 结算结果的验证

图 5-16 及表 5-3 为利用上述模型计算的 PA6 柴油机进、排气系统计算和试验的对比结果，可以证明上述模型的正确性。

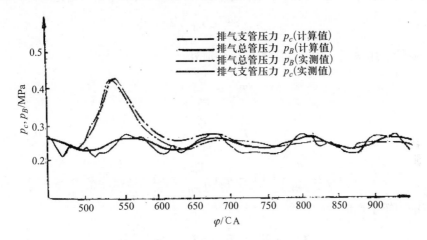

图 5-16　PA6 柴油机计算与试验结果的对比

表 5-3　PA6 柴油机计算参数及实测参数对比

参数	计算值	实测值
N_e/kW	1763.53	1764.71
n/(r/min)	1000	1000
p_e/MPa	2.0147	2.016
p_s/MPa	0.311	0.309
T_s/K	334.6	336.5
p_T/MPa	0.2469	0.242
T_T/K	853	836

5.4　柴油机涡轮增压器的匹配计算

5.4.1　瞬态匹配计算

涡轮增压器的涡轮瞬时功率为 $\dot{W}_{T1}$，压气机消耗功率为 $\dot{W}_{C1}$，轴承传递功率损失为 $\dot{W}_B$。由此，涡轮增压器机械效率为

$$\eta_m = \frac{\dot{W}_{T1} - \dot{W}_B}{\dot{W}_{T1}} \tag{5-34}$$

由涡轮瞬时功率与压气机瞬时功率之差，可得到涡轮增压器的角速度为

$$\varepsilon = \frac{\mathrm{d}\omega}{\mathrm{d}t} = 2\pi \frac{\mathrm{d}n_T}{\mathrm{d}t} \tag{5-35}$$

涡轮、压气机、轴承的瞬时转矩分别为

$$\boldsymbol{T}_{ST1} = \frac{\dot{W}_{T1}}{2\pi n_T}$$

$$\boldsymbol{T}_{SC1} = \frac{\dot{W}_{C1}}{2\pi n_T} \tag{5-36}$$

$$\boldsymbol{T}_{SB} = \frac{\dot{W}_B}{2\pi n_T} = (1 - \eta_m)\frac{\dot{W}_{T1}}{2\pi n_T} = (1 - \eta_m)\boldsymbol{T}_{ST1}$$

系统的力矩平衡时为

$$\boldsymbol{T}_{ST1} - \boldsymbol{T}_{SB} - \boldsymbol{T}_{SC1} = \boldsymbol{I}\varepsilon = 2\pi \boldsymbol{I}\frac{\mathrm{d}n_T}{\mathrm{d}t} \tag{5-37}$$

式中：$\boldsymbol{I}$ 为转动部件的极惯性矩；转速 n 为波动值。

涡轮瞬时功率为

$$\dot{W}_{T1} = \dot{m}\eta_{TS}(h_{01} - h_{2s}) = \dot{m}\eta_{TS}\frac{C_{is}^2}{2} \tag{5-38}$$

式中：$\dot{m}$ 为涡轮瞬时质量流量；η_{TS} 为当涡轮转速为 $n_T/\sqrt{T_0}$、膨胀比为 (p_1/p_2) 且忽略出口速度时的效率，理想涡轮的 $\eta_{TS} = 1$，即最大限度的功率输出。式（5-35）可直接与 Λ_{in}^*，Λ_{out}^*，A_A 相关联。C_{is} 为等熵速度，即 $h_{01} - h_{2s} = \frac{C_{is}^2}{2}$，或 $h_{01} - h_2 = \eta_{TS}\frac{C_{is}^2}{2}$。将 $h = \frac{a^2}{k-1}$ 的关系式代入并经整理后可得

$$\left(\frac{A_1^2}{k-1} + \frac{U_1^2}{2}\right) - \frac{A_2^2}{k-1} = \frac{\eta_{TS}C_{is}^2}{2a_{\mathrm{ref}}^2}, \quad \text{或} \frac{\eta_{TS}C_{is}^2}{2} = a_{\mathrm{ref}}^2\left[\frac{1}{k-1}(A_1^2 - a_2^2) + \frac{U_1^2}{2}\right] \tag{5-39}$$

涡轮上游边界接截面的 A_1，U_1 为

$$A_1 = \frac{\Lambda_{\mathrm{in1}} + \Lambda_{\mathrm{out1}}}{2}, \quad U_1 = \frac{\Lambda_{\mathrm{in1}} - \Lambda_{\mathrm{out1}}}{2}$$

A_2 与出口常压($p_b = p_2$)和熵 A_A 相关。若为等熵流动，则

$$A_2 = A_A\left(\frac{p_2}{p_{\mathrm{ref}}}\right)^{\frac{k-1}{2k}} \tag{5-40}$$

152

如果涡轮上下游管内存在压力波传播，则式（5-39）可化为

$$\frac{\eta_{TS} C_{is}^2}{2} = \frac{A_0^2}{k-1} \left[1 - \left(\frac{A_2}{A_0} \right)^2 \right] a_{\mathrm{ref}}^2 \qquad (5-41)$$

故对于等熵流动，有

$$\frac{A_2}{A_0} = \left(\frac{p_2}{p_0} \right)^{\frac{k-1}{2k}} \qquad (5-42)$$

$$\frac{p_2}{p_{\mathrm{ref}}} = \left(\frac{\Lambda_{\mathrm{in}D} - \Lambda_{\mathrm{out}D}}{2 A_{AD}} \right)^{\frac{2k}{k-1}} \qquad (5-43)$$

$$\frac{p_0}{p_{\mathrm{ref}}} = \left(\frac{A_0}{A_{ref}} \right)^{\frac{2k}{k-1}} \qquad (5-44)$$

$$A_0^2 = \left(\frac{\Lambda_{\mathrm{in}U} - \Lambda_{\mathrm{out}U}}{2} \right)^2 + \frac{k-1}{2} \left(\frac{\Lambda_{\mathrm{in}U} - \Lambda_{\mathrm{out}U}}{k-1} \right)^2 \qquad (5-45)$$

下标 U 和 D 分别表示涡轮的上游和下游。

由式（5-37）和式（5-38）可得涡轮瞬时转矩为

$$T_{ST1} = \frac{1}{2\pi} \eta_{TS} \frac{\dot{m} C_{is}^2}{2} \frac{1}{n_T} \qquad (5-46)$$

压气机瞬时功率为

$$\frac{\dot{W}_{C1}}{p_1 \sqrt{T_1}} = \frac{1}{\eta_C} \left(\frac{\dot{m} \sqrt{T_1}}{p_1} \right) c_p \left[\left(\frac{p_2}{p_1} \right)^{\frac{k-1}{2k}} - 1 \right] \qquad (5-47)$$

由式（5-36）和式（5-47）可得压气机瞬时转矩为

$$\frac{T_{SC1}}{p_1} = \frac{1}{\eta_C} \left(\frac{\dot{m} \sqrt{T_1}}{p_1} \right) \left(\frac{\sqrt{T_1}}{n_T} \right) \frac{c_p}{2\pi} \left[\left(\frac{p_2}{p_1} \right)^{\frac{k-1}{2k}} - 1 \right] \qquad (5-48)$$

压气机的质量流量为

$$\dot{m} = \frac{4k}{k-1} \left(\frac{p_{\mathrm{ref}} F_1}{a_{\mathrm{ref}}} \right) \left[\frac{\Lambda_{\mathrm{in}1} - \Lambda_{\mathrm{out}}}{(\Lambda_{\mathrm{in}1} + \Lambda_{\mathrm{out}1})^2} \right] \left(\frac{\Lambda_{\mathrm{in}1} + \Lambda_{\mathrm{out}1}}{2 A_A} \right) \qquad (5-49)$$

式（5-36）中的轴承瞬时转矩式可写为

$$\mathrm{d}n_t = \frac{1}{2\pi I} (\eta_m T_{ST1} - T_{SC1}) \, \mathrm{d}t \qquad (5-50)$$

非定常流动计算的时间步长为 $\mathrm{d}t = \dfrac{x_{\mathrm{ref}} \mathrm{d}Z}{a_{\mathrm{ref}}}$，该时间后的转速为

$$(n_T)_2 = (n_T)_1 + \left(\frac{1}{2\pi I} \frac{x_{\mathrm{ref}}}{a_{\mathrm{ref}}} \right) (\eta_m T_{ST1} - T_{SC1}) \, \mathrm{d}Z \qquad (5-51)$$

式中：$(n_T)_2$ 为该时间步长后的涡轮增压器转速；$(n_T)_1$ 为该时间步长前的转速。式（5-51）给出了涡轮增压器特性随时间的变化，如图5-17所示。

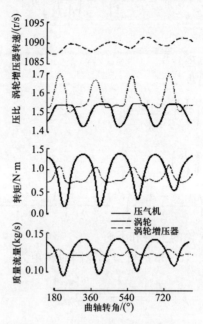

图 5-17 涡轮增压器特性变化图

5.4.2 稳态匹配计算

基本关系式为

$$\eta_m \dot{W}_T - \dot{W}_C = 0 \tag{5-52}$$

由式（5-38），可得涡轮循环功率为

$$\dot{W}_T = n_c \int \dot{W}_{T1} \mathrm{d}t = n_c \int \eta_{TS} \dot{m} \frac{C_{is}^2}{2} \mathrm{d}t \tag{5-53}$$

式中：n_c 为柴油机每秒的循环数。

由式（5-51），整个循环平均功率和转矩为

$$\dot{W}_C = \frac{\int \left[\dot{W}_{C1} / \left(p_1 \sqrt{T_1} \right) \right] \left(p_1 \sqrt{T_1} \, \mathrm{d}t \right)}{\int \mathrm{d}t} \tag{5-54}$$

154

$$T_{SC} = \frac{\int (T_{SC1}/p_1)\, p_1 \mathrm{d}t}{\int \mathrm{d}t} \tag{5 - 55}$$

如果压气机进气压力和温度可变，则

$$p_1 = \left(\frac{\Lambda_{\mathrm{in1}} + \Lambda_{\mathrm{out1}}}{2A_{A1}} \right)^{\frac{2k}{k-1}} p_{\mathrm{ref}} \tag{5 - 56}$$

$$T_1 = \left(\frac{\Lambda_{\mathrm{in1}} + \Lambda_{\mathrm{out1}}}{2} \right)^2 T_{\mathrm{ref}} \tag{5 - 57}$$

P_1 和 T_1 的值须在每个时间步长进行计算。

若空气流量为 $\dot{m}_C = n_c \int \dot{m}\mathrm{d}t$，压气机的功率为

$$\dot{W}_C = \frac{\dot{m}_C c_p T_1}{\eta_C} \left[\left(\frac{p_2}{p_1} \right)^{\frac{k-1}{k}} - 1 \right] \tag{5 - 58}$$

如果已知压气机特性曲线，进行匹配计算时，开始采用 P_1、T_1 的估算值，根据压气机特性确定涡轮转速 n_T 和整个循环的涡轮平均功率 $\dot{W}_T$，对应的空气流量为压气机质量流量 $(\dot{m}_C \sqrt{T_1}/p_1)_1$，驱动压气机的转矩为 $(T_{sc}/p_1)_1$，可求出新的涡轮转速 n_T。由 $n_t \dot{m}_C \sqrt{T_1}/p_1$ 可通过压气机特性图计算压气机压比 p_2/p_1。压气机的能量平衡为

$$2\pi n_T T_{SC} = \dot{m}_C c_p (T_2 - T_1) \tag{5 - 59}$$

新的排气温度为

$$T_2 = T_1 + \frac{2\pi n_T T_{SC}}{\dot{m}_C c_p} \tag{5 - 60}$$

新的涡轮转速 n_T、排气压力 p_2 和温度 T_1 用于下一循环计算，不断重复，直到获得匹配。

5.5 增压中冷的匹配计算

增压中冷对增压系统的效率和稳定性具有重要的影响。中冷器与常规的热交换器相类似，二者之间的主要差别是在中冷器内的流动是非定常的。对于有中冷器的系统进行非定常流动计算时，需要建立中冷器的边界条件。

5.5.1 中冷器效率

中冷器的基本计算模型如图 5-18 所示。

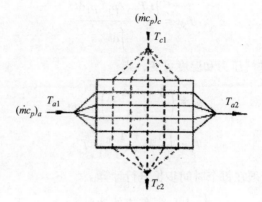

图 5-18 中冷器计算模型

中冷器效率 ε 定义为中冷器带走的空气热量与其可能带走的最大热量之比

$$\varepsilon = \frac{(\dot{m}c_p)_a(T_{a1} - T_{a2})}{(\dot{m}c_p)_c(T_{c1} - T_{c2})} \qquad (5-61)$$

式中：下角标 a、c 分别表示经过中冷器的空气和冷却介质（水），1、2 分别表示进口和出口处的参数值。

中冷器的效率也可表示为

$$\varepsilon = 1 - \exp\left[\frac{\exp(-CN^{0.78}) - 1}{CN^{-0.22}}\right] \qquad (5-62)$$

式中：$C = \dfrac{(\dot{m}c_p)_a}{(\dot{m}c_p)_c}$ 为热流量比；$N = \dfrac{Sh_{tc}}{(mc_p)_a}$ 为传热单元数，S 为中冷器的表面积，h_{tc} 为传热效率。

定常流动的传热单元数为常数，非定常流动则为变数。非定常流动不仅影响中冷器的热交换特性，也影响到通过中冷气的压降和空气系统非定常流动的压力波传递，从而影响增压柴油机的流动特性和性能。

5.5.2 中冷器边界条件

进气管中冷器的布置如图 5-19 所示。图中给出了中冷器上游边界的黎曼不变量 Λ_{in1}、Λ_{out1} 和下游边界的黎曼不变量 Λ_{in2}、Λ_{out2}。中冷器非定常流动边界方程推导的简介如下。

应用连续方程，进气管中冷器的压比为

$$\frac{p_2}{p_1} = \frac{Ma_1F_1a_2}{Ma_2F_2a_1} \qquad (5-63)$$

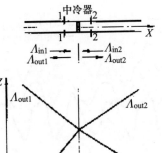

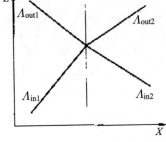

图 5-19　进气中冷器结构及模型简图

中冷器的压降为
$$\Delta p = \frac{K\rho_1 u_1^2}{k}$$

式中：K 位阻力系数，它是中冷器出口马赫数 Ma_2 的函数。

经过推导，中冷器进出口状态可表示为

$$\frac{A_1^*}{A_2^*} = \frac{A_1}{A_2}\frac{A_{A1}}{A_{A2}} \tag{5-64}$$

$$\frac{A_1}{A_2} = \left(\frac{p_1}{p_2}\right)^{\frac{k-1}{2k}} = \left(\frac{1}{1-KMa_1^2}\right)^{\frac{k-1}{2k}} \tag{5-65}$$

$$\frac{A_{A1}}{A_{A2}} = \left(\frac{1}{1-KMa_1^2}\right)^{\frac{k-1}{2k}}\left(\frac{1}{\tau_a}\right)^{\frac{1}{2}} \tag{5-66}$$

式中：$A^* = A/A_A$ 表示无纲量数，利用式（5-64）计算出通过中冷器的熵值比 A_{A1}/A_{A2}，即可由已知的 Λ_{in1}、Λ_{in2} 算出 Λ_{out1}、Λ_{out2}。

5.5.3　中冷器的配机计算结果分析

利用以上计算模型，对某型柴油机中冷器进行了配机计算，通过计算得到了以下结果：

（1）增压中冷柴油机的压气机出口、中冷器进口和出口的压力变化情况如图 5-20 所示。从图中可见，三者的压力波动幅度相似，表明发动机的压力波通过中冷器并传递到了压气机。

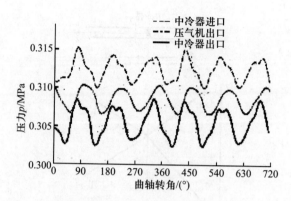

图 5-20　压气机出口、中冷器进口和出口的压力变化

（2）中冷器进口质量流量和效率的变化如图 5-21 所示。从图中可见，中冷器进口质量流量变化对中冷器的效率具有很大的影响，较高的质量流量将导致较低的效率。

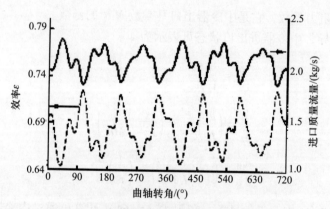

图 5-21　中冷器进口质量流量和效率的变化

（3）中冷器进出口水温度的变化如图 5-22 所示。从图中可见，中冷器下游的温度波动大于上游的温度波动。其原因是中冷器效率的变化，中冷器的出口温度与效率成反比关系，其形状类似于质量流量曲线。

（4）中冷器两侧的质量流量变化如图 5-23 所示。从图中可见，中冷器对压气机的质量流量波动的阻尼效应很明显，有利于抑制压气机喘振。

（5）进气支管和中冷器对于从进气阀到压气机的压力波传递的阻尼效应如图 5-24 所示。从图中可见，压气机侧压力波的波幅仅为进气阀侧的 20%。

158

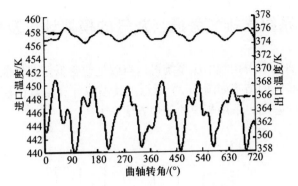

图 5-22 中冷器进出口水温度的变化

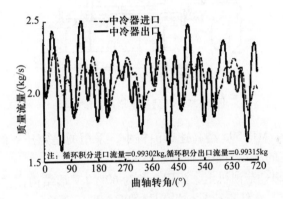

图 5-23 中冷器两侧的质量流量变化

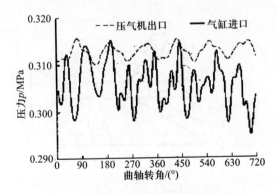

图 5-24 中冷器对压力波传递的阻尼效应

5.6 STC 系统进排气旁通与放气的模拟计算及控制方案

高增压柴油机采用相继增压系统可以有效地改善低工况性能，因此获得了广泛的应用，其典型结构如图 5-25 所示。其模拟计算的具体模型需根据 STC 系统具体结构的差别，采用相应的处理方法。

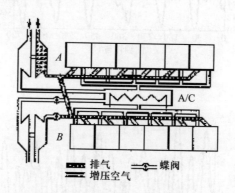

图 5-25 典型相继增压系统结构

在 MTU956、MTU595 型高速柴油机中，采用的是定压系统，因此在计算时只要减少相应的涡轮当量流通界面即可。

在 16VPA6STC 柴油机上，采用夹角为 60°的 V 形结构，左右（A，B）两列各为 8 个气缸。在低负荷时，将 B 排的涡轮增压器关掉，B 排各气缸排出的废气进入 A 排第 8 缸后面的排气总管，如图 5-26 所示。

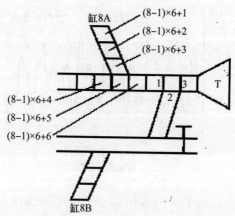

图 5-26 16VPA6STC 柴油机相继增压系统计算模型

160

将每个气缸的排气管分为6段，即6个节点，第8缸最后一个排气管节点为(8-1)×6+6，即第48节点。在该点的后面即为一个三通接头，在横向由B排气缸进入界面"2"，然后由界面"3"引入连接A排的涡轮。

在计算中采用了简化处理，由于B排各缸比A排各缸的发火提前了60°CA，可理解为B排气缸中的压力、流速等的变化比A排提早了一个相位。因此，只需要计算A排各缸和排气管内的参数变化。

STC三通接头处的"1""2""3"三个界面的质量m、能量e、流速u可表达如下：

第"1"界面处，曲柄转角φ时的质量、能量、流速为：

$$\left(\frac{\mathrm{d}m}{\mathrm{d}\varphi}\right)_1(\varphi),\ \left(\frac{\mathrm{d}e}{\mathrm{d}\varphi}\right)_1(\varphi),\ u_1(\varphi);$$

第"2"界面处，φ角时，$\left(\dfrac{\mathrm{d}m}{\mathrm{d}\varphi}\right)_2(\varphi)=\left(\dfrac{\mathrm{d}m}{\mathrm{d}\varphi}\right)_1(\varphi-60)$，余类推；

第"3"界面处，φ角时，与第"1"界面处相同。

STC三通接头处的控制方程为：

质量方程
$$\frac{\mathrm{d}m}{\mathrm{d}\varphi}=\left(\frac{\mathrm{d}m}{\mathrm{d}\varphi}\right)_1+\left(\frac{\mathrm{d}m}{\mathrm{d}\varphi}\right)_2-\left(\frac{\mathrm{d}m}{\mathrm{d}\varphi}\right)_3$$

能量方程
$$\frac{\mathrm{d}e}{\mathrm{d}\varphi}=\left(\frac{\mathrm{d}e}{\mathrm{d}\varphi}\right)_1+\left(\frac{\mathrm{d}e}{\mathrm{d}\varphi}\right)_2-\left(\frac{\mathrm{d}e}{\mathrm{d}\varphi}\right)_3$$

动量方程
$$\frac{\mathrm{d}(mu)}{\mathrm{d}\varphi}=\left(\frac{\mathrm{d}m}{\mathrm{d}\varphi}\right)_1 u_1+\left(\frac{\mathrm{d}m}{\mathrm{d}\varphi}\right)_2 u_2\cos\alpha-\left(\frac{\mathrm{d}m}{\mathrm{d}\varphi}\right)_3 u_3+p_1 A_1-p_3 A_3$$

式中：α为STC接管倾角；p、A分别为相应界面的压力与通流截面。

在相继增压系统中，B排为受控单元，建立的控制流程如图5-27所示。图中Switch=0代表一个增压器工作，Switch=1代表两个增压器工作，n为柴油机转速，etca为增压器A的转速，count为增压器切换次数。当柴油机转入低工况运行时，根据控制规律，首先将柴油机降速至1700r/min左右，然后在模型中手动增加负荷，增压器A的转速随之增加，当增压器转速达到切换点转速55000r/min时，受控增压器B切入。图5-28表示在切入过程中增压器A和B的转速变化情况及增压器B切入过程中柴油机转速和齿条位移的变化情况。增压器切出过程与此相似。从图中曲线可以看出，在切换点上，在受控增压器切入后，基本增压器的转速会明显降低，当降到一个低于两者稳定运行的转速后，再上升到稳定转速，在增压器切入过程中和切入后，柴油机运转平稳。切入和切出时间为2～4s。

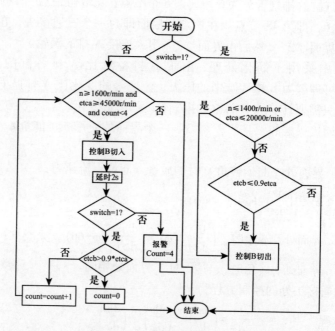

图 5-27　16VPA6STC 柴油机相继增压系统控制流程图

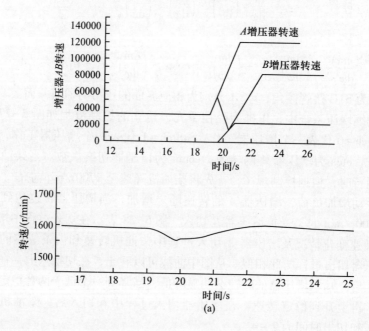

(a)

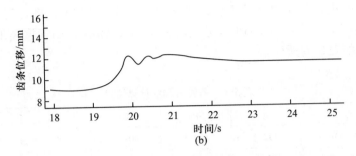

图 5-28　16VPA6STC 柴油机相继增压系统工作过程

5.7　计算实例

　　TBD234V8 柴油机原采用两缸一支管的脉冲转换器增压系统，八缸共用一个涡轮增压器，现改为 MPC 系统后仍用一个涡轮增压器。

　　TBD234V8 柴油机的主要技术参数为：$D = 128mm$，$S = 140mm$，$n = 2200r/min$，$Ne = 405kW$，$p_e = 1.53MPa$，MPC 系统的排气总管直径 $d_m = 60mm$，支管喉口截面 $F_N = 11.4cm^2$，收缩比为 61.5%。发动机试验时的主要性能参数如表 5-4 所列。

表 5-4　TBD234V8 柴油机采用 MPC 系统主要性能参数表

N_e	405kW	T_k	154℃	T_{T0}	859K	p_T	0.2197MPa
n	2200r/min	Ts	92.9℃	p_k	0.2716MPa	p_{T0}	0.1005MPa
g_e	239.1g/(kW·h)	Gs	0.694kg/s	p_s	2676MPa	p_{max}	12.7MPa
T_T	983K	Π_k	2.69				

　　首先利用一维非定常流动模型计算排气管参数，用容积法计算气缸内工质参数并用以确定放热规律，并经试验结果验证，然后选择不同的 F_{Nj} 及 d_m 进行性能计算。共计算了如表 5-5 所列的 5 种方案。

表 5-5　计算方案表

方案	A	B	C	D	E
F_N	F_{N0}	$F_{N0}-10\%F_{N0}$	$F_{N0}+10\%F_{N0}$	$F_{N0}+10\%F_{N0}$	$F_{N0}+20\%F_{N0}$
d_m/mm	60	65	65	60	65

计算时进排气正时保持不变，排气门开55℃A BBDC，排气门关25℃A ATDC，进气门开30℃A BTDC，进气门关40℃A ABDC，扫气重叠角55℃A。计算结果如表5-6所列。

表5-6 各种方案的计算结果

方案	A	B	C	D	E
功率 N_e/kW	402.2	400.3	401.5	399.4	401.4
转速 n/（r/min）	2200	2200	2200	2200	2200
油耗 ge/(g/(kW·h))	214.5	214.1	212.8	213.5	212.3
P_{max}/MPa	12.97	12.84	12.80	12.83	12.81
T_{max}/K	1856	1829	1831	1825	1828
过量空气系数	1.67	1.69	1.69	1.70	1.70
增压压力 p_k	0.2272	0.2693	0.269	0.2701	0.2679
中冷后温度 T_s	365.9	365.9	365.9	365.9	365.9
压气机效率/%	0.757	0.757	0.758	0.757	0.758
压气机流量 G_k	16.06	15.88	15.80	15.86	15.84
增压器转速7	71381	71025	70789	71013	70853
涡轮前压力 p_T	0.2147	0.220	0.2194	0.2186	0.2183
涡轮前温度 T_T	926	897	900	898	899
涡轮流量 G_T	0.341	0.337	0.337	0.337	0.355
涡轮效率/%	0.70	0.70	0.70	0.70	0.70

从计算结果来看，当支管截面放大10%和20%时，可以减少泵气功损失，导致降低油耗率。C、D两个方案结构上的差别在于排气总管的直径（d_m），d_m大者，g_e则小。E方案与C方案相比，F_N进一步放大对支管与总管交界处的布置带来困难，因此采用C方案更为合理。

第6章　柴油机高增压系统

6.1　概论

　　从 20 世纪 50 年代涡轮增压在船用柴油机上获得广泛应用以来的历史进程中，柴油机的活塞平均速度从 9 ~ 10 提高到 12 左右，即增加了 25% 左右，而压比则从 0.12 提高到 0.35MPa，增加了近两倍。由此可见，为提高柴油机平均有效压力而采用高增压系统是重要的柴油机发展方向之一。

　　在不断追求提高增压压力从而提高柴油机平均有效压力的过程中，出现了多种增压系统，但对增压系统的要求都是一致的，即：

　　（1）在最大爆发压力和最高缸内温度许可范围内，力求提高平均有效压力。

　　（2）启动及低工况性能好。

　　（3）瞬态特性好。

　　（4）排气能量利用率高。

　　（5）涡轮增压器总效率高。

　　（6）各缸工作过程均匀。

　　（7）制造成本低。

　　（8）便于系列化。

　　为了满足上述要求，在增压系统发展过程中，通常要处理好以下一些关系：

　　（1）为了提高柴油机平均有效压力，必须提高增压压力，但这又受到最大爆发压力及最高温度的限制。

　　（2）处理好压气机高效区窄和柴油机变工况的转速、流量变化幅值大之间的关系，兼顾高、低工况。

　　（3）排气能量充分利用，且排气歧管不宜复杂。

　　脉冲增压系统可以较好地利用排气能量，在中、低增压中得到广泛应用，但由于涡轮进气参数不稳，使其效率降低。

既能利用脉冲能量，又不使涡轮效率受影响，两全其美的方案是利用脉冲能量转换装置，但其结构更为复杂。当 p_{me} 进一步提高后，出现了模件式脉冲转换系统（MPC 系统）。MPC 系统的瞬态特性好，结构简单，便于系列化，因而得到很快发展和广泛应用。与此同时，模件式单排气总管（MSEM）增压系统成了高增压柴油机的较好选择。对八缸、十六缸柴油机，已有些采用混合式脉冲转换器（MIXPC）增压系统。由于该系统可以避免扫气干扰，减少泵气损失，性能优越，并可用于五缸至十缸的柴油机中，因而得到了较快的发展。

为了追求高平均有效压力，采用高增压，甚至超高增压方式，而又不使最大爆发压力及最高燃烧温度过高，因而低压缩比高压比增压系统、可变压缩比增压系统、米勒系统、补燃增压系统、气缸充量转换系统、二级增压系统等陆续问世，使平均有效压力 p_{me} 高达 3.2MPa 以上。

在平均有效压力不断提高的同时，低工况性能的改善难度显得更大，因而谐振复合增压系统、放气系统、变截面涡轮（VGT）系统、涡轮进口变截面（VMP）系统、相继增压（STC）系统、补燃系统、二次进气系统、顾氏系统、扫气旁通增压（Scaby）系统、自动变进排气供油定时（AVIEIT）系统等相继出现。

随着平均有效压力的进一步提高，热负荷、机械负荷更加严重，低工况性能更加恶化，新的对策将会不断出现，增压系统将得到更快的发展。

本书第 1 章结合排气能量的利用讨论了定压系统、脉冲系统以及脉冲转换器，本章将对其他各种增压系统做扼要分析与讨论。

6.2　二级涡轮增压系统

6.2.1　概述

二级涡轮增压系统是由两台串联排列的单极涡轮增压器及中冷器所组成，空气经过两次压缩和两次冷却后进入气缸，以获得较高的增压度，由于结构布置比较复杂，故多用在一些特殊用途的发动机上，如图 6-1 所示。另外也可采用将两级膨胀的涡轮与两级压缩的压气机组成单体的两级涡轮增压器来实现二级增压。

二级增压除了可获得更高的增压压力（压比≥7），使功率密度大幅提高外，在性能方面还有以下一些优点：

（1）二级增压系统在每级压缩后都经过中间冷却，因而压气机所消耗的

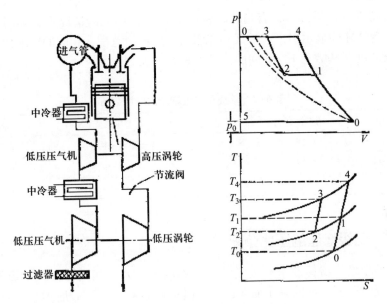

图 6-1 二级涡轮增压系统原理图

能量较少，且温度较低。同时由于每级的压比都较低，在高增压情况下（$p_k \geqslant 0.25 \sim 0.3 \text{MPa}$），涡轮增压系统的效率要高于相应的单级涡轮增压系统。

（2）在高压比增压器中，由于叶轮和轴承的线速度较高，会使机械应力增大，并使轴承的磨损加速，影响其使用寿命，如表 6-1 所列。此外，启动噪声的强度与叶轮线速度的 5 次方成正比，故高压比增压器的噪声明显升高很多，采用二级增压系统在这些方面都会有较为明显的改善。

表 6-1 压比对增压器的影响

压比	p_{me}/MPa	叶轮线速度/（m/s）	轴承线速度/（m/s）	机械应力比值/%
2.7	16	377	55	100
3.3	20	420	62	142.3
3.8	23	450	68	
5.3~5.5	28	522	76	~200

（3）采用二级增压+二级冷却系统后，柴油机对于环境温度和压力变化的敏感度下降，适用于高真空、高被压的环境。而且对工况变化的响应性及工作范围的扩大等方面也较单机高压比系统有所改善。

采用二级增压会使结构布置的复杂性及成本方面有所增加，一般来说，成本约提高20%。因此，只有当功率密度提高15%以上的情况下，采用二级增压的优越性才能显示出来。单级和二级增压的应用范围，相应的压缩比及与非增压柴油机（基数为1）之间的比较如表6-2所列。

表6-2 单级和二级增压的应用范围

压比	功率提高比	压缩比	增压形式	质量比
4.5	25%	9.5	单级+中冷	0.8
5.0	50%	8.3~9	二级+中冷	0.7
7~8	100%	6~7	二级+中冷+启动	0.55

6.2.2 二级增压的压比分配

当两个增压器的效率和进气条件（温度、压力）相同时，即二级压比是均匀分配时，所消耗的总压缩功最小。但实际上高压级压气机的进气条件和低压级是不同的。因此，在两级之间的压比分配不是均匀的，而是低压级的压比要高于高压级，一般为6:4。这样在全负荷及部分负荷时都能保持良好的性能。

在型号相同的高压和低压涡轮增压器中的焓降分配是由涡轮当量流通面积来控制的。涡轮的当量流通面积为

$$\frac{1}{F_T^2} = \frac{1}{F_N^2} + \frac{1}{F_W^2}$$

式中：F_T 为涡轮当量流动截面积；F_N 为涡轮喷嘴截面积；F_W 为涡轮工作轮流通截面积。

当涡轮增压器选定以后，再选用不同的喷嘴环通过试验来确定。从保证气体流动的连续性考虑，高压级的当量流通面积应小于低压级，两者的比例越接近于1，则低压级涡轮中的能量分配比例越大，涡轮后的余速损失也越大。

6.2.3 二级串联方案与单轴二级压缩方案的比较

单轴式二级涡轮增压方案中，是在一个壳体内，同一根轴上布置了二级涡轮和二级压气机，故也可称为二次压缩增压方案。与串联式方案相比，其优点是：结构紧凑，在两级涡轮之间的流动及散热损失较少；其缺点为：其各级之间的能量分配确定后，就不能调节更改，两级压缩之间的中冷器也不易安排。

在工作性能方面，假设两种方案的总压比相同，单轴和双轴（二级串联）

方案的压气机运行线对比如图6-2所示，从图中可以看出，在任何运行点，高压涡轮和低压涡轮输出总功之和与单轴涡轮输出相等，但当负荷下降时，单轴结构的低压压气机压比较高。

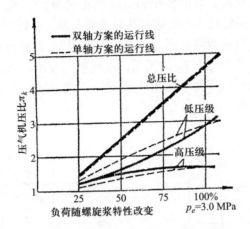

图 6-2　单轴和双轴螺旋桨特性比较

单轴方案和双轴方案的高压压气机和低压压气机运行线如图6-3所示，两者的高压压气机的运行线基本相同，但低压压气机的运行线有很大的差别。双轴系统的运行线与喘振线基本保持平行，设计点能够位于高效率区内。而单

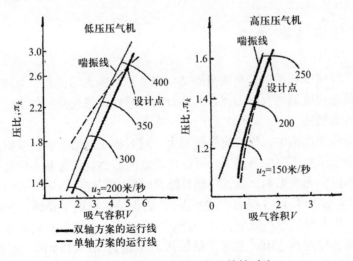

图 6-3　单轴和双轴压气机特性对比

169

轴结构的运行线则比较平坦，如取相同的设计点，则会很快与喘振线相交。为此，在单轴方案中低压压气机的设计工况运行点必须置于偏右的低效率区内。

单轴方案和双轴方案的高压涡轮和低压涡轮运行效率如图 6-4 所示，当负荷发生变化时，双轴方案的高压和低压涡轮的速比 u/C_0 值基本保持不变，这表明在低负荷时涡轮效率不会远离其最佳值太多。单轴方案在全负荷时涡轮效率达到最佳值，当负荷降低到 25% 时，u/C_0 的变化幅度已超过 40% 左右。图 6-5 为涡轮轮周效率与 u/C_0 的关系，由此可以看出，当速比由最佳效率点变化 40% 左右，轮周效率将下降 10% 左右。因此，从部分负荷性能看，单轴方案也不如双轴方案。

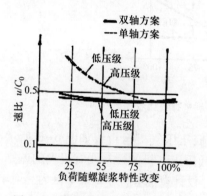

图 6-4 单轴和双轴涡轮机速比对比

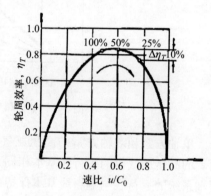

图 6-5 涡轮机效率与速比关系

6.3 低压缩比柴油机

采用二级增压系统后，柴油机的功率密度有大幅度的提高，但同时机械负荷及热负荷也相应地增大。为保证其运行的可靠性，采用降低气缸内的压缩比是一种有效的措施。

在高增压柴油机中，气缸充气量增大，同时相应地增加燃油喷射量，即在保持过量空气系数不变的条件下，可以认为缸内的燃烧情况基本保持不变，对循环的指示效率无大影响。为保持燃料能及时发火燃烧，压缩终点的温度应达到 $Tc \geqslant 823K$（550℃）。（压缩比的下限）。为保持运行的平稳性，在燃烧过程中气缸内的压力升高率被限制在 0.7MPa/°CA 以下，整个气缸内在燃烧过程中的平均升高值控制在 5MPa 左右，最高压力不超过 15～18MPa。根据上述条件，气缸内压缩终点的压力 $p_c \leqslant 10MPa$。据此即可确定气缸内压缩比的上限值。

6.3.1 低压缩比柴油机的工作循环

低压缩比与常规柴油机的理想循环效率的比较如图 6-6 所示。图中，1-2-3-4-1 为常规柴油机的理想循环温熵图，1′-2′-3′-4′-1′为低温循环的温熵图。假设两者的加热量相等，从图中可见，由于压比的提高，压缩起点由 1 移至 1′，并假设经过中冷后，压缩起点的温度保持不变，如保持气缸内的压缩比不变，则高压比循环的最高压力将达到 p'_{max}，相应的理想循环为 1′-2″-3″-4′-1′，与常规循环的热效率相同。若将循环的最高压力限制为 p_{max}，则高压比循环的压缩比必须降低，其相应的理想循环图为 1′-2′-3′-4′-1′。假设加热量相同，即等于将相当于面积 2-2″-3″-7 的加热量转移到 4′-7-3′-4-4″处。这样，低压缩比循环的放热量将增加了相当于面积 4′-5′-5″-4″-4′的热量，则表示其热效率降低。据估计，功率增加 10％时，效率将降低 2％。

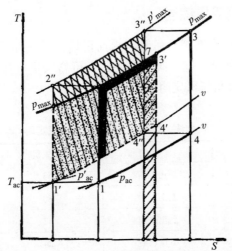

图 6-6　低压缩比与常规柴油机的理想循环效率

在实际发动机上的研究表明，在给定的平均指示压力和最大爆发压力的条件下可以确定一个最佳的压缩比（对应的热效率最高）。图 6-7 及表 6-3 为在 ISACMV16 柴油机（$D=240mm$，$S=220mm$，$n=1435r/min$）上所做的试验结果。

表 6-3　柴油机压比效率对比表

	A	B	C	D
压比	2.0	3.2	5.4	5.9
效率	0.445	0.44	0.4	0.39

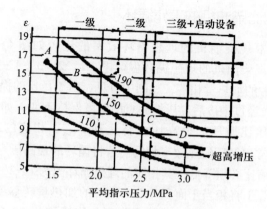

图6-7　低压缩比柴油机试验结果

6.3.2　主要研究成果综述

（1）气阀定时：排气阀开启时间提前可增大排气能量，且有利于在高背压情况下防止排气倒流。进气阀推迟关闭，可增大进气量。表6-4给出了常规机与低压缩比柴油机气阀定时的对比。

表6-4　低压缩比柴油机进排气定时

气阀			常规机	试验机
排气阀	开	下止点前	53	65
	关	上止点后	60	60
进气阀	开	上止点前	42	42
	关	下止点后	24	30

（2）燃烧过程：通过对单缸功率为250kW的常规循环及单缸功率为360kW的低压缩比循环进行计算，在计算中考虑的条件如表6-5所列。

表6-5　各燃烧阶段输入输出热量的百分比

参数	常规循环	低压缩比循环
等容加热阶段输入的热量/%	37	30
等压加热阶段输入的热量/%	43	50
等温燃烧阶段输入的热量/%	20	20

参数	常规循环	低压缩比循环
等容燃烧阶段壁面散热量/%	12	10
等压燃烧阶段壁面散热量/%	18	20
等温燃烧阶段壁面散热量/%	30	30
膨胀过程壁面散热量/%	20	40

利用工作过程计算，可以得到常规循环以及低压缩比循环的热效率、有效效率以及有效耗油率。在低压缩比循环中，由于压缩终点温度较低而使着火滞燃期延长，导致等容燃烧阶段中的燃烧油量减少。同时，为了降低气缸内最高爆发压力，喷油提前角也有所减小，但随着滞燃期的延长，会使气缸内的压力升高率增大，尤其在部分负荷时更为严重。表6-6 给出了理论计算以及试验结果的相关数据。

表6-6 低压缩比循环与常规循环比较

参数	常规循环	低压缩比循环
理想循环热效率/%	45	41
理想循环热效率（示功图修正后）/%	43.8	39.4
换气泵气损失/%	2	4
机械效率/%	89	91
计算有效效率/%	38.1	34
计算有效耗油率/(g/kW·h)	221.8	243.5
试验有效耗油率/(g/kW·h)	225.9	239.5
压缩终点温度/℃	660	570
喷油提前角/℃A	22	29
着火滞燃期/℃A	10.5	12
上止点后7/℃A 时燃烧燃油的/%	36	25
等容阶段输入热量的/%	37	30
燃气温度/℃	1790	1430
过量空气系数/%	55	110

（3）热平衡研究。针对常规循环和低压缩比循环，对采用不同冷却介质的情况进行了研究，其试验结果如表6-7所列。

表 6-7　不同冷却介质对低压缩比循环的影响

		ε＝12.5 260kW/缸	ε＝8.5 260kW/缸	ε＝8.5 370kW/缸
冷却水	kJ／（缸·h）	190190	147660	235750
	kJ／（缸·h）	740	574	643
冷却油	kJ／（缸·h）	117040	75240	129580
	kJ／（缸·h）	455	88	284

从表中可见，当功率增加 43％时，冷却水散热损失增加 24％，冷却油的散热损失增加 11％，其原因为低压缩比循环的平均温度比较低。

在机件温度方面，根据测量结果表明：活塞顶部中心的温度均为 130℃，活塞冷却油中散失的热量是相同的；气缸盖底面的温度低压缩比型比常规型低 30℃，气缸套在第一道活塞环区的温度低压缩比机约高出 25℃，这是因为低压缩比机中气缸壁的散热面要比常规机大得多；两种机型的排气阀温度相差不大。

（4）启动和低负荷运行性能。

为了改善低压缩比柴油机的启动性能，可采用渐热冷却水的温度（≥50℃）以提高气缸套和空气的温度，从而提高压缩终点的气体温度。表 6-8 为常规机与低压缩比柴油机启动性能对比试验结果。

表 6-8　低压缩比循环的启动性能

	常规柴油机	低压缩比柴油机		
进气温度/℃	20	20	50	50
缸套温度/℃	20	20	20	50
绝热压缩终点温度/℃	531	416	487	487
压缩中散热温降/℃	56	44	71	52
实际压缩终点温度/℃	475	372	416	485

6.3.3　低压缩比柴油机实例

法国热机协会（S.E.M.T）研制的二级涡轮增压低压缩比柴油机 12VPA6BTC，总增压比为 5，其中，高压级的压比为 2，低压级的压比为 2.5。12VPA6BTC 机的功率与单级增压的 16VPA6 柴油机相同，性能参数如表 6-9 所列。两者的性能比较如图 6-8 所示。

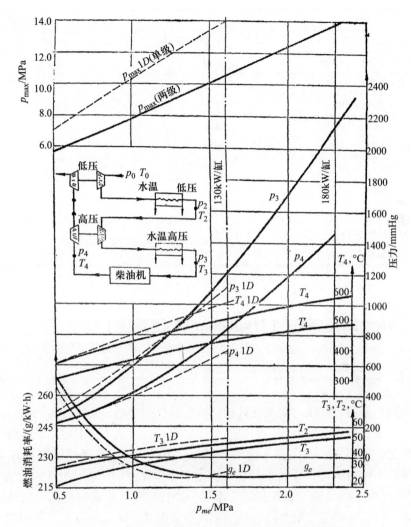

图6-8　12VPA6常规及低压缩比循环柴油机性能对比

表6-9　12VPA6常规及低压缩比循环柴油机性能对比

参数	单级增压（16VPA6）	二级增压（12VPA6BTC）
缸径/mm	280	280
行程/mm	290	290
单缸功率/kW/cyl	260	370
转速/（r/min）	1050	1050

参数	单级增压（16VPA6）	二级增压（12VPA6BTC）
活塞平均速度/(m/s)	10.15	10.15
平均有效压力/MPa	1.68	2.4
最高爆发压力/MPa	13.5	12.8
压缩压力/MPa	3.0	
燃油消耗率/(g/(kW·h))	220	230
空气流量/(kg/(kW·h))	7.39	8.71
进气压力/MPa	0.256	0.472
涡轮进口温度/℃	580	650
压缩比	12.6	8.5
涡轮出口废气温度/℃	480	
单位活塞面积功率/(hp/m²)	0.57	0.85

6.4 补燃增压系统（Hyperbar 增压系统）

6.4.1 概述

为提高平均有效压力而不使机械负荷、热负荷过高，采用较高的增压比和较低的压缩比可以达到目的。但低压缩比对柴油机启动十分困难，低负荷性能也不理想。1970 年，法国琼·梅尔希奥尔（J. Melchior）提出了补燃超高压比系统即 Hyperbar 增压系统的设想。在这个增压系统中，柴油机压缩比为 6 ~ 8，增压比为 4 ~ 8。由于启动困难，增加一个补燃室。启动时或涡轮向外输出额外功率时，补燃室中由专门的供油系统喷入燃油，火花塞点火，利用压气机旁通的空气进行燃烧，被加热的燃气连同柴油机排气一起通向涡轮，确保涡轮有足够的功率驱动压气机。压气机输出的气体分两路：一路充入柴油机，另一路绕过柴油机与排气在补燃室中燃烧后，一起流入涡轮膨胀做功，其系统结构如图 6-9 所示。

柴油机启动后，涡轮增压器达到规定增压比时，涡轮所需的能量主要来自柴油机排气。但因增压器需供应很高的增压比，在柴油机正常工作时，排气能量还不足以使涡轮能量与压气机能量相平衡，补燃室仍在工作，只是喷油量较小，只要补充不平衡的那部分能量即可，此时补燃室处于微燃状态。由于增加了一个补燃室，所以超高压比增压系统也称为补燃增压系统。

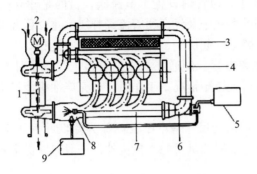

图 6-9　补燃增压系统结构示意图

1—涡轮增压器；2—启动电动机；3—空气冷却器；4—旁通空气管；5—燃油泵；6—空气调节器；7—空气和排气的混合管；8—补燃室；9—点燃器和火焰控制器。

传统单级和二级增压系统，在柴油机和涡轮增压器之间的空气流动路线都是串联布置的，在这种情况下，通过压气机和柴油机的空气流量必须保持相等，即 $G_C = G_D$。但柴油机是往复机械，而压气机是旋转机械，由于其流量特性不同，因此在变工况运行时，二者之间的匹配就会出现问题。往往为了防止在低负荷时进入压气机的喘振区，而不得不使整个运行范围移至低效率区。从而在串联系统中，其增压比的提高也受到限制。

补燃系统中，柴油机和涡轮增压器之间的空气流动路线是采用串、并联布置方式的。这样，从压气机出来的空气既可全部通过柴油机，也可同时有一部分直接通向涡轮前的补燃室。因此就解除了柴油机和压气机之间对于空气流量的约束，即 $G_C \geqslant G_D$。而且涡轮增压器在补燃室的支持下可独立进行运转。因此极大地改善了两者之间的匹配情况，整个运行工况均可在高效率区范围内进行，并有利于进一步提高增压比。

6.4.2　特性

6.4.2.1　工作循环方面

（1）高增压比。普通柴油机增压比一般小于 3.5，本系统为 4~8。

（2）低压缩比。普通柴油机压缩比一般大于 11，本系统为 7~10。

（3）工作循环属于低温循环。

6.4.2.2　结构方面的特点

（1）旁通。超高增压柴油机进、排气管之间设置了一根旁通管，使压气机、柴油机和涡轮成并联关系。当压气机供气过多时，柴油机多余的空气可经过旁通管路直接进入涡轮，避免增压器喘振。

（2）旁通节流在旁通管内设置了节流阀，目的是建立扫气压差，合理地完成发动机气缸和补燃室中及经旁通管流经补燃室主燃区和混合区各股气流的比例分配，并与补燃室一起协调，保证压气机正常运行。

（3）补燃。在旁通管一侧通往涡轮的管道上设置了补燃室，当柴油机在启动、空转、低转速大转矩情况下工作时，补充柴油机能量不足，以产生足够的增压压力。

（4）主要零部件结构尺寸基本不变。除为降低几何压缩比改变工作容积或活塞尺寸、调整油泵喷油量及配气机构外，一般对原机主要零部件结构尺寸不作变动。

（5）热负荷基本不变。由于采用低压缩比，缸内压缩终点压力和循环温度相应较低，从而降低了热负荷。虽然平均有效压力提高，但热负荷增加不多。

（6）机械负荷基本不变。由于采用低压缩比、超高增压，柴油机最高爆发压力受到了限制，确保了工作可靠性。

6.4.2.3 优缺点

（1）功率增长幅度大。超高压比增压系统功率一般可为非增压机的 2～5 倍。

（2）转矩特性宽广。采用本系统后，在最高爆发压力基本不变的情况下，平均有效压力已超过 3.0MPa，且转矩特性比较宽广，低速时可提供超高转矩。

（3）加速性好。补燃室燃油控制得当，就能随时储备一定数量的过量空气，从而大大改善加速性能。试验表明：超高增压柴油机从怠速到满负荷不到 l0s 时间。

（4）排放污染轻。柴油机排气和部分压缩空气通过补燃室，未燃成分得到再燃机会，这不仅增加回收能量，同时净化了排气。

（5）油耗偏高、结构复杂。由于增没补燃室、旁通管、节流阀等装置，油耗必然增加，结构比原机复杂，自动控制环节增多。

6.4.3 补燃增压柴油机的实例

1968 年发明超高增压系统，1969 年申请专利，1971 年在 6 缸 Poyaud 520 发动机上试验。该机缸径 135mm，冲程 122mm，转速 2500r/min，原机功率 132kW，增压中冷为 243kW，超高增压后为 441kW。1972 年，法国宣布新的主战坦克柴油机将采用该增压系统，并同时在海军快艇动力装置上进行研究。

1973 年，法国海军试验中心对用于快艇的 AGO240 型柴油机进行了试验研究，其试验结果如表 6-10 所列。

表 6-10　AGO240 补燃增压系统试验结果

参数	AGO240	AGO240-1	AGO240-2
缸径/行程/mm	240/220	240/220	240/220
压缩比	13	7	7
转速/（r/min）	1350	1350	1350
单缸功率/kW/cyl	184	294	368
平均有效压力/MPa	16	26	32
气缸进气温度/℃	64	80	80
气缸排气温度/℃	524	562	574
增压压力/MPa	0.278	0.62	0.72
最大爆发压力/MPa	14	12	14
压力升高比/MPa/CA	5	6	5
排气压力/MPa	0.247	0.527	0.628
喷油压力/MPa	75	68	75
燃油消耗率/(g/(kW·h))	218	230	230
气缸盖温度/℃	390	310	330
空气消耗量/(kg/(kW·h))	5.53	8.76	8.80
压气机流量/(kg/s)	1.93	4.80	5.35
压气机进口温度/℃	25	一级 18/二级 38	一级 12/二级 38
压气机进口压力/MPa	0.097	一级 0.098/二级 0.25	一级 0.099/二级 2.96
压气机出口温度/℃	169	一级 140/二级 160	一级 166/二级 158
压气机出口压力/MPa	0.28	一级 0.245/二级 0.63	一级 0.3/二级 0.73
涡轮进口温度/℃	580	一级 470/二级 576	一级 548/二级 610
涡轮进口压力/MPa	0.247	一级 0.26/二级 0.54	一级 0.28/二级 0.62
涡轮出口温度/℃	430	一级 328/二级 470	一级 344/二级 504

　　1980 年我国曾派技术人员组团赴法国进行考察，获悉当时已有 12 台机用于坦克，功率为 580～880kW；有 24 台 AGO240 机装在 6 艘船上每台功率为 4900kW；在铁路上采用 Poyaur520S3V8d 机已运行了 2000h，150000km。据称已有 40 多个国家和单位已经直接或间接购买了有关超高增压的大小专利 450 余项。德国 MTU 公司在购买专利未成的情况下，自行研发了类似的 BKS 补燃系统并在美国申请了专利。

6.5 低温高增压系统（米勒循环）

6.5.1 概述

　　柴油机进一步提高平均有效压力会受到最大爆发压力的限制，在低转速运行时，尤其按螺旋桨特性运行的部分负荷工况，充气量严重不足。如果可能，应在高负荷运行时采用低压缩比以降低最大爆发压力，而在启动或低负荷时采用高压缩比以改善低负荷特性。美国人米勒于1951年提出将阿特金森循环的原理应用于高增压柴油机上，其工作循环如图6-10所示。图中虚线为米勒循环，实线为常规涡轮增压循环。从图中可见，在压缩终点压力、最大爆发压力、加热量相等的条件下两者的示功图高压部分是相同的，低压部分则有所差别。图中面积 $a\text{-}b\text{-}c\text{-}d\text{-}e\text{-}a$ 表示米勒循环的换气过程，面积 $a\text{-}f\text{-}g\text{-}h\text{-}a$ 表示常规循环的换气过程。从 $T\text{-}S$ 图可见，当进入气缸的气体温度相等时，米勒循环各点的温度均低于常规循环，但对应点的比值相同，因此两者的效率是相同的。在上述条件下，当提高增压压力，进气阀提前关闭时则可降低循环温度，有利于热负荷及排放的降低；当热负荷相同时，则可使平均指示压力升高。

　　米勒系统的实现，对四冲程发动机，进气冲程活塞不到下止点之前提前关

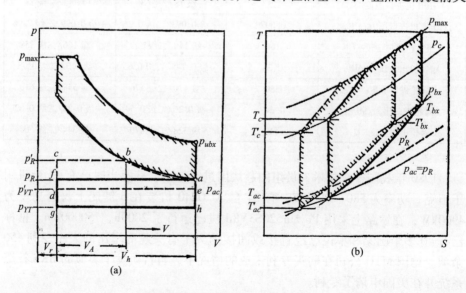

图 6-10　米勒系统工作原理图

180

闭进气门中止进气，使空气在气缸中膨胀以获得进一步的冷却。对于二冲程发动机，在压缩冲程的一段中，进气口继续保持开启，从而排出一部分充量以减小实际压缩比。进气门的关闭时刻可以自动控制，使发动机的实际压缩比适应变负荷的需要，既可防止高负荷时爆发压力过高，又可满足启动及低负荷时充量的要求。

6.5.2　米勒系统特点

米勒系统具有以下一些特点：

（1）只改变进气门开闭时刻，从而改变实际压缩比，而排气定时不变，即膨胀比不变，大负荷时膨胀比大于压缩比。

（2）进气门定时变化使开、闭时间共同提前或延后，相应气门重叠角也发生变化。高负荷时，进气门提前开、提前关，重叠角增大，有利于扫气，并降低热负荷；低负荷时，进气门延后关，重叠角减小。

（3）启动及低负荷时，采用高压缩比，改善了部分负荷性能；高负荷时，采用低有效压缩比，限制了最高爆发压力的过分增大，以确保发动机的可靠性。

（4）米勒系统中，增压空气在涡轮增压器后冷却一次，在进气过程中，由于缸内膨胀而再冷却一次，故米勒系统就是低温循环增压系统。在下止点时同样的缸内增压压力下，具有较低的温度，充量增多，过量空气系数大，压缩开始时缸内温度低，从而减小了热负荷。

（5）米勒系统有较低的缸内温度，NO_x 的排放较少。

（6）米勒系统与其他增压系统比较，达到同样的平均有效压力时需要有较高的增压比；在高增压时，往往需要采用二级增压系统。

6.5.3　低温高增压柴油机实例

6.5.3.1　B230DV 柴油机

意大利 GMT 公司为海军研制开发了 B230DV 型四冲程二级增压变压缩比柴油机，其工作原理如图 6-11 所示。通过试验证明，在保持最大爆发压力及燃油消耗率与常规单级涡轮增压柴油机 A230 相同，且受热部件温度基本不变的条件下，使功率提高了 37%。若在常规增压方式下达到这个指标，则最高爆发压力将增大 20%，受热部件的温度将上升 50℃～100℃，导致机械负荷及热负荷均增加。DV 型机的进气门在下止点前 20°CA 关闭，图中实线表示常规涡轮增压柴油机的定时及气缸内压力变化，虚线表示 DV 型机的情况。进入气缸的空气在进气冲程的后期先在缸内膨胀，当活塞上行直到下止点后 70°CA

时才开始实际有效的压缩行程。实际的压缩比为 8.5。

试验结果表明：

（1）DV 型机在平均有效压力达到 2.45MPa 时，其最高爆发压力才与常规机型持平，在最大负荷时两者的最高温度均约为 600℃。

（2）DV 型机从空载上升到平均有效压力为 1.5MPa 之前，进气门定时均保持不变，随着负荷的进一步提高，逐步调整到下止点前 20°CA 时最高爆发压力保持在 12.7MPa 以下，并从图中可以看出，空气和废气的压力无异常变化，这说明气门定时的调整对于柴油机与涡轮增压器的匹配并无不良影响。

（3）DV 型机的气缸盖、活塞顶部、活塞头部第一道活塞环处的温度均低于常规柴油机。

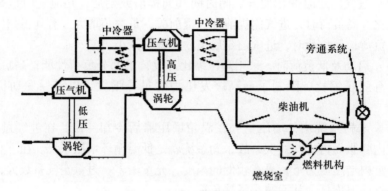

图 6-11　B230DV 柴油机工作原理图

6.5.3.2　NS D 9S20 柴油机

Wartsila 公司在 NS D 9S20 四冲程柴油机上，对采用米勒循环降低排放进行了仿真计算和试验研究。发动机的主要参数为：气缸直径 200mm，行程 300mm，几何压缩比 13.5，转速 1000r/min，平均有效压力 2.0MPa。装有一台 ABB TPS50B 增压器，压比为 3（新一代 ABBTPS50C 涡轮增压器的压缩比可达到 4.5）。采用单体泵式喷油系统，最高喷射压力为 130MPa，全负荷时的平均喷射压力为 85MPa。

设计进气门关闭的时间可依据两个条件来确定：活塞抵达下止点时，气缸内的压力与标准过程相等：压缩冲程结束时的维度要能保证安全点火（特别是在冷态和低负荷时）。通过计算得到进气门关闭角与常规设计相比提前了 52°CA。由于空气在气缸内的膨胀使其温度比标准过程低得多，从而使燃烧过程高温区的温度可降低 150℃ 左右，致使氮氧化物的生成速率降低，NO_x 排放减少 15% ~20%。同时燃油消耗率降低 0.5% ~2%，根据最新研究资料表明，

182

采用可变进气定时的米勒系统及可变截面涡轮喷嘴则可改善其在低负荷工况下的运行性能。若再采用高压共轨喷油系统则可使 NO_x 排放量降低 30% ~ 50%。

6.5.3.3 6MD26X 柴油机

日本富士公司对 6MD26X 型柴油机进行了改装试验，该型柴油机为 6 缸，缸径 $D = 260mm$，$S = 320mm$，$n = 750r/min$。采用系统后，功率达到 1560kW，增压压力为 0.35MPa，平均有效压力达到 2.5MPa，最大爆发压力 13MPa，耗油率 213g/（kW·h），这台柴油机同时采用二级增压两次中冷。

6.6　可变压缩比高增压系统

降低压缩比固然可以控制最大爆发压力和缸内温度，但启动性恶化。早期，人们设想过可变压缩比的方案，在启动和低负荷时采用大压缩比，当最大爆发压力达到极限值时，压缩比随之减小，保持 p_{max} 基本不变的状态。20 世纪 70 年代以来，这种思路越来越活跃并涌现出一些设计方案。

6.6.1　可变压缩比活塞高增压系统

图 6-12 为英国柴油机研究所提出的一种可变压缩比活塞的结构。活塞有内、外两部分组成，外活塞与燃气直接接触，镶有活塞环，内活塞通过活塞销与连杆相连。内、外活塞之间有一油腔。当其容积改变时，改变了大、小活塞的相对位置，也就改变气缸的余隙容积，实现了可变压缩比。

可变压缩比活塞工作原理如下：柴油机润滑油从曲轴主油道通过连杆小头进入弹簧集油器 3，然后由通道 7 及进油阀 6 和止回阀 8 进入上油腔 5 及下油腔 9，上油腔 5 有弹簧泄油阀 4，泄油压力由弹簧预紧力事先设定，从而控制内、外活塞相对位移。当最大爆发压力超过极限值后，上油腔 5 的油通过泄油阀 4 回曲轴箱，外活塞向内活塞移动，气缸余隙容积增大，压缩比减小。由于外活塞向下移动，使下油腔 9 的容积增大，同时，在惯性力作用下，通道 7 的油压较高，润滑油通过止回阀 8 进入下油腔 9。反之，当外活塞上方压力小于上油腔压力时，外活塞被顶起，润滑油从集油器通过进油阀 6 进入上油腔，压缩比增大。各油腔中的油在运动过程中有惯性力，当外活塞顶上压力较大时，这种惯性力影响不大；反之，当外活塞顶上压力较小时，如进、排气行程时，这种惯性力相对较大，在排气行程后期和进气行程前期，外活塞相对于内活塞向上移动，润滑油通过进油阀 6 进入上油腔 5，同时下油腔 9 的油从泄油孔 10 压出，这时，下油腔 9 起缓冲器作用。

英国 TL3 型四冲程三缸机上曾采用了这种结构进行试验，该机 $D = 349mm$，

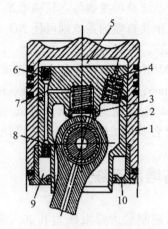

图 6-12　可变压缩比活塞示意图

1—外活塞；2—内活塞；3—弹簧集油器；4—弹簧泄油阀；5—上油腔；6—进油阀；

7—通道；8—止回阀；9—下油腔；10—泄油孔。

$S=216\text{mm}$，$n=600\text{r/min}$，原压缩比为 12.5，平均有效压力为 1.62MPa，变压缩比在 15.2~8.0 之间变化，$p_{me}=2.11\text{MPa}$，这种变压缩比活塞曾用于美国坦克柴油机。

6.6.2　带膨胀室的变压缩比高增压系统

　　图 6-13 为带膨胀室的变压缩比高增压系统原理示意图。膨胀室和燃烧室用菌形阀隔开，在膨胀室内充满了一定压力的压缩空气，一般为气缸压缩终压。在进、排气过程中，膨胀室不工作。在燃烧过程中，当压力超过膨胀室压力时，阀开始上升，其上升速率与缸内压力升高率密切相关。发动机负荷越

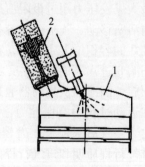

图 6-13　带膨胀室的变压缩比高增压系统原理示意图

1—燃烧室；2—膨胀室。

184

大，增压压力越大，阀上升的距离也越大，缸内余隙容积增加量也越大，相对压缩比越小，并以此控制最大爆发压力。在阀上升过程中消耗能量，气缸压力下降后，膨胀室阀下降，同时对气体做功。法国热机研究所对这种变压缩比装置进行了试验，并在13届国际柴油机学术会议上发表了研究结果。

6.7　带动力涡轮的增压系统

在高增压柴油机废气的能量较大，当涡轮增压器的效率提高到一定程度时，涡轮发出的功除驱动压气机外还有剩余，可用以驱动一个单独的动力涡轮，并通过减速齿轮液力耦合器转给曲轴，组成所谓的复合式发动机，可使发动机的输出功率增加，效率也有所改善。当前，轴流式涡轮增压器（VTR4A，图 6-14）的总效率已达到 68% ～ 72%，这时就有可能从排气总能量中取出 8% ～15%，在动力涡轮中加以利用，从而可降低整机的燃油消耗率。径流式涡轮目前的效率尚未达到此水平。

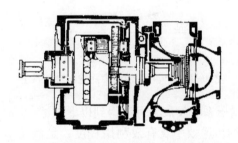

图 6-14　VTR454A 涡轮增压器结构图

在实际应用中，ZA40S 发动机上，在标定工况下，当采用 VTR4A 涡轮增压器（总效率70%）与原 VTR4（总效率为64%）相比，在流动动力涡轮的废气量为总废气量的9% 左右时，燃油消耗率可降低 4.6g/kW·h。在部分负荷工况下，带有动力涡轮的增压系统的柴油机性能优于一般的增压系统。当负荷降低到一定范围（50% 左右）时，可关闭通向动力涡轮的阀门，这就相当于把涡轮喷嘴面积缩小，可以获得更高的增压压力，从而使低负荷性能得到改善。

在 PC4-2 柴油机上所做的对比试验表明（$D = 570\text{mm}$，$S = 620\text{mm}$，$n = 400\text{r/min}$，$\varepsilon = 13.5$，$p_e = 2.3\text{MPa}$）涡轮增压器为 VTR454A，动力涡轮为 NTC214（总效率为65%），在使用动力涡轮时增压器的当量面积为标准机（增压、中冷、MPC 系统）涡轮当量面积的 80%，动力涡轮的当量面积为

20%。在标定功率的60%以上工况时接通动力涡轮。从图中可以看出，这时燃油消耗率约降低3%，排气温度增高40℃，排气阀座等部件的温度保持不变，最高爆发压力及增压压力变化不大。在60%负荷以下时，关闭动力涡轮，这时增压器的压比约增加50%，燃油消耗率降低4～5g／（kW·h），排气阀温度下降120℃。其性能对比结果如图6-15所示。

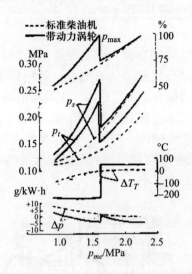

图6-15　PC4-2带动力涡轮柴油机性能

通过以上的高增压系统发展，可以得到以下结论：

（1）废气能量的传递效率及有效利用程度，是涡轮增压初期发展的关键问题。

（2）在向高增压发展的过程中，涡轮增压器的性能（压比和效率）成为关键环节。

（3）进入超高增压时期，最高爆发压力（机械负荷）和最高燃温度（热负荷及排放）成为发展的主要制约因素。

（4）采用好高增压系统后会出现新的系统方案，以更充分地利用废气能量，提高系统的效率。

（5）在成熟的军民通用产品的基础上根据军事用途的特殊需要，采用米勒循环、可调截面喷嘴涡轮（VGT）、高压共轨系统（CRS）等新技术是大功率柴油机发展的主要技术途径。因此加强具有前瞻性的基础理论研究和技术储备是很重要的。

186

参考文献

［1］唐开元. 柴油机增压原理［M］. 北京：国防工业出版社，1985.

［2］蒋德明. 柴油机的涡轮增压［M］. 北京：机械工业出版社，1986.

［3］顾宏中. 涡轮增压柴油机热力过程模拟计算［M］. 上海：上海交通大学出版社，1985.

［4］高孝洪. 柴油机工作过程数值计算［M］. 北京：国防工业出版社，1986.

［5］朱梅林. 涡轮增压器原理［M］. 北京：国防工业出版社，1982.

［6］上海内燃机研究所. 增压与增压器译文集［M］. 上海：上海科学技术文献出版社，1981.

［7］李斯特. 柴油机的充量更换（柴油机全集）［M］. 上海：上海科学技术出版社，1962.

［8］顾宏中，邬静川. 柴油机增压机器性能优化［M］. 上海：上海交通大学出版社，1989.

［9］本森 R S. 柴油机的热力学和空气动力学［M］. 北京：机械工业出版社，1986.

［10］顾宏中. 涡轮增压柴油机性能研究［M］. 上海：上海交通大学出版社，1998.

［11］陆家祥. 柴油机涡轮增压技术［M］. 北京：机械工业出版社，1999.

［12］夏皮罗 A H. 可压缩流体的动力学与热力学［M］. 北京：科学出版社，1977.

［13］顾宏中. 柴油机中的气体流动及其数值分析［M］. 北京：国防工业出版社，1985.

［14］刘峥，张扬军. 柴油机一维非定常流动［M］. 北京：清华大学出版社，2007.

［15］齐纳 K. 柴油机增压与匹配（理论、计算及实例）［M］. 北京：国防工业出版社，1982.

［16］顾宏中. MIXPC 涡轮增压系统研究与优化设计［M］. 上海：上海交通大学出版社，2006.

［17］宋百玲. 柴油机控制系统硬件在环仿真技术［M］. 北京：国防工业出版社，2011.

［18］李惠彬，周江伟，孙振连. 车用涡轮增压器噪声与振动机理和控制［M］. 北京：机械工业出版社，2012.

［19］宋守信. 柴油机增压技术［M］. 上海：同济大学出版社，1993.

［20］沈权. 柴油机增压技术［M］. 北京：中国铁道出版社，1990.